La logique de l'antagonisme de Lupasco

Révision et conséquences en sciences humaines

Collection « Ouverture philosophique »
Série « Bibliothèque »
dirigée par
Jean-Marc Lachaud et Bruno Péquignot

Une collection d'ouvrages qui se propose d'accueillir des travaux originaux sans exclusive d'écoles ou de thématiques.
Il s'agit de favoriser la confrontation de recherches et des réflexions, qu'elles soient le fait de philosophes « professionnels » ou non. On n'y confondra donc pas la philosophie avec une discipline académique ; elle est réputée être le fait de tous ceux qu'habite la passion de penser, qu'ils soient professeurs de philosophie, spécialistes des sciences humaines, sociales ou naturelles, ou… polisseurs de verres de lunettes astronomiques.

La série « Bibliothèque » comporte des ouvrages qui inaugurent ou complètent la connaissance des philosophes en explorant leur problématique, leur argumentation et leur héritage.

Dernières parutions

Nikos FOUFAS, *Les antinomies de la pensée bourgeoise chez Lukács*, 2020.
Joël BALAZUT, *Le fondement métaphysique de la civilisation technicienne*, 2020.
Francesco CADDEO, *Sartre antihumaniste, Antisubjectivisme, marxisme critique, postcolonialisme*, 2020
Patrick MOULIN, *Fidel Castro est-il Socrate ?*, 2020.
Paul DUBOUCHET, *Théologie et épistémologie négatives chez Villey, Girard et Tresmontant,* 2020.
Nikos FOUFAS, *La critique de la réification chez Lukács*, 2020.
Pascal GAUDET, *Kant et le sens de l'existence. Une éthique de l'illusion*, 2020.
Nikos FOUFAS, *Friedrich Engels et la Guerre des paysans allemands*, 2020.
Martin MEULIN, *La raison de la tradition. De l'éthique à la politique par l'entrelacement de la culture et des vertus. Aristote et MacIntyre*, 2020.

Yvon Corain

La logique de l'antagonisme de Lupasco

Révision et conséquences en sciences humaines

L'Harmattan

5-7, rue de l'Ecole-Polytechnique, 75005 Paris
http://www.editions-harmattan.fr
ISBN : 978-2-343-22050-5
EAN : 9782343220505

Introduction

« Après tout, l'antagonisme fait saillir l'être »
– Victor Hugo

C'est en 2015 que j'ai découvert le livre princeps de Lupasco, *Les trois matières*[1]. J'étais alors en train d'écrire mon tout premier livre, un essai d'approche méthodologique de la vaste et complexe question de l'expérience humaine[2]. Ce livre m'avait été conseillé quelques années auparavant par un enseignant d'université ; j'avais griffonné le titre et le nom de l'auteur sur une page de mon cahier. Pourquoi, alors que je me débattais avec mon travail d'écriture, je me suis souvenu de ce conseil, est un mystère. Toujours est-il que sa lecture fut un choc pour moi. Il y avait une sorte d'évidence dans le propos, de celle qui ne se révèle qu'au moment d'être signifiée, formulée. En bref (j'y reviens plus en détail ci-dessous), tout est affaire d'énergie : phénomène, processus, système, matière. Mais surtout, toute énergie (donc tout phénomène, processus, système, matière) est le produit d'un antagonisme, et inversement, tout antagonisme produit de l'énergie, donc produit un phénomène, un processus, un système, une matière. L'antagonisme dont il est question étant l'antagonisme entre (au moins) deux forces opposées, contraires. Mais voilà la première idée géniale proposée par Lupasco pour expliquer le dynamisme de cet antagonisme : l'*actualisation* d'une force s'articule nécessairement avec la *potentialisation* de la force contraire, qui sinon empêcherait la force de s'actualiser ; et inversement relativement de la « seconde » force à la « première » force. L'antagonisme, l'énergie, est donc défini par le jeu d'une actualisation-potentialisation des forces contraires ayant lieu dans tout phénomène, processus, système,

---

[1] Stéphane Lupasco, *Les trois matières*, éditions Julliard, 1960.
[2] Yvon Corain, *L'expérience dans tous ses états. Une approche méthodologique*, collection Logiques sociales, éditions L'Harmattan, 2016.

matière ; et tout phénomène, processus, système, matière est donc dynamiquement défini par le jeu d'une actualisation-potentialisation des forces contraires en présence. Lupasco donne pour premier exemple la situation des forces d'attraction et de répulsion dans l'atome ; mais j'ai aussitôt pensé aux forces d'amour et de haine dans la psychologie humaine ; ou aux forces d'émancipation et d'aliénation dans la sociologie humaine.

Autrement dit, j'ai vu que la logique de l'antagonisme, le jeu d'actualisation-potentialisation de forces contraires, avait sa place dans l'approche méthodologique de l'expérience humaine que je cherchais à produire. Je dois dire que dans la version de 2016 de mon livre sur l'expérience, je sous-évalue la place de la dynamique d'actualisation-potentialisation relativement aux autres dynamiques de l'expérience que j'ai relevées ; ou plus exactement, je lui donne une place équivalente. J'ai été amené à écrire ultérieurement une deuxième version de mon livre où je donne, logiquement, à la dynamique d'actualisation-potentialisation la place d'une *métadynamique*, régissant en quelque sorte les autres dynamiques.

Lupasco propose deux autres idées géniales. D'une part, dans le cadre d'une théorie systémologique, il indique qu'un phénomène ou un système évolue selon une tendance dynamique, comme produit statistique des différents jeux d'actualisation-potentialisation des forces en présence ; et il repère trois types d'évolution : une *homogénéisation*, une *hétérogénéisation*, et une *symétrisation* (la dynamique d'homogénéisation est égale à la dynamique d'hétérogénéisation) du phénomène ou système. D'autre part, il précise qu'un système peut-être *paradialectique*, relativement impermanent, ou *orthodialectique*, permanent. Dans le cas où un système se systématise de façon orthodialectique, il devient ce que Lupasco appelle *une matière* (qui est toujours une matière-énergie puisque c'est le système d'antagonisme énergétique qui se systématise en matière). Lupasco décrit alors trois matières : la matière quantique (ou microphysique) dont les particularités sont liées à la symétrisation ; la matière physique (ou macrophysique) dont les particularités sont liées à l'homogénéisation ; la matière biologique dont les particularités sont liées à l'hétérogénéisation. Ces matières-systèmes étant en interaction entre elles.

Je le redis, tout cela m'a paru fort intéressant et motivant, propre à des développements heuristiques importants. Mais Lupasco ajoute ensuite une idée qui est selon moi problématique, et qui explique sans doute pourquoi sa théorie est peu connue ou reconnue, car elle l'amène à des développements douteux, et qui sortent de l'expérience clinique. Il indique avoir découvert, à sa grande surprise dit-il, qu'il y a une autre matière, mais qui est équivalente d'un point de vue systémologique à la matière quantique, à savoir la matière psychique. Lupasco observe en effet que la matière psychique se systématise selon une dynamique de symétrisation, comme la matière quantique donc. « Logiquement », il considère alors que matière quantique et matière psychique ne sont qu'une même matière, et qu'il n'y a donc pas quatre, mais trois matières.

Or, cette affirmation pose problème. Si on comprend la démarche logique (systémologique), l'expérience et la clinique nous indiquent qu'il n'en est rien. Lupasco défend pourtant le principe épistémologique d'une « logique-expérience » : mais dans ce problème d'identification entre matière quantique et matière psychique, Lupasco paraît distordre ce principe pourtant fondamental.

Il s'est alors imposé à moi l'idée qu'il fallait proposer une révision de la logique de l'antagonisme, particulièrement sur ce point-là, en cherchant à établir la nature dynamique et systémologique singulière de la quatrième matière, la matière psychique. On verra que cette démarche a des conséquences en ce qui concerne les sciences humaines elles-mêmes, au moins à un niveau méthodologique.

Éléments de la théorie de Lupasco

On commencera par rappeler, en les développant, les éléments de cette théorie, qui m'est apparue pertinente pour une compréhension d'ensemble des phénomènes et processus qui ont lieu dans notre univers, « de l'infiniment petit à l'infiniment grand ».

La théorie de la logique de l'antagonisme se décline en une série d'énoncés :

Énergie, antagonisme, système, actualisation et *potentialisation.*

– Rien dans l'univers ne peut exister sans énergie ; toute existence, tout processus, même la/le plus infime ou la/le plus éphémère, nécessite une énergie, un dynamisme.

– Tout dynamisme, toute énergie, est défini/e par un antagonisme et comme un antagonisme : c'est-à-dire par et comme la présence d'une relation dynamique entre des états, des processus ou des phénomènes contraires. Par exemple, entre des forces d'attraction et de répulsion dans un atome, dans une pensée, ou dans une galaxie.

– De ce fait, tout phénomène, tout processus, sera pensé sous son aspect énergétique, comme produit d'une relation antagoniste de forces contraires ; et sous un aspect systémique, en tant que tout système est toujours composé par un ensemble d'antagonismes, et en tant qu'un ensemble d'antagonismes définit toujours un système[3].

– Une précision importante concerne l'utilisation habituelle du terme « contraire » : la couleur blanche et la couleur noire sont des éléments qui sont dits contraires, mais qui peuvent coexister sans

[3] L'idée d'une énergie du paradoxe avancée par Barus-Michel va dans le sens de l'élaboration réalisée par Lupasco, mais la formalisation théorique de celui-ci est, selon moi, bien plus aboutie : Jacqueline Barus-Michel, *L'énergie du paradoxe*, collection « L'époque en débat », éditions Desclée de Brouwer, 2013.

antagonisme ; autrement dit, ils ne sont pas *contradictoires*, et ne forment donc pas ensemble un système énergétique ; dans la situation atomique, nous avons des éléments contradictoires, des forces de répulsion et des forces d'attraction : il y a antagonisme et donc système énergétique. Ainsi, lorsque nous parlerons de « forces contraires », il faudra entendre de « forces contradictoires », antagonistes.

– L'antagonisme consiste précisément en l'*actualisation* d'une énergie *et* la *potentialisation* d'une énergie contraire : si un phénomène s'actualise, c'est à la fois qu'une énergie l'actualise et que l'énergie contraire, qui l'empêchait, est potentialisée ; le phénomène qui s'actualise est donc le produit d'une dynamique antagoniste entre son actualisation et sa potentialisation. Dans un système, les forces de répulsions cherchent à maintenir leur actualisation par la potentialisation des forces d'attraction, qui elles-mêmes cherchent le contraire : c'est l'ensemble de cette relation dynamique contradictoire entre forces de répulsion et forces d'attraction qui constitue un système.

– ainsi, quand l'actualisation d'un phénomène domine, l'antagonisme potentialisé reste agissant, susceptible à son tour d'une actualisation : sans quoi nous serions dans une situation qui n'existe pas, celle d'un phénomène qui resterait actualisé, actuel en permanence. Par exemple (donné par Lupasco), l'on sait que le corps d'un individu est reconstitué entièrement, dans toutes ses composantes biologiques et physiques, en environ une année : les forces contraires de construction et de destruction du vivant s'actualisent et se potentialisent donc en permanence.

Antagonisme et synergie

On fera remarquer que cette logique de l'antagonisme ne semble pas laisser de place à l'idée de synergie… puisque tout serait défini par des antagonismes. Il faut alors préciser que toutes les « forces » (au sens le plus large) existantes dans notre univers ne sont pas nécessairement en contradiction entre elles : la force de gravitation n'est pas en contradiction avec la pulsion de savoir, etc. Il y a donc bien l'existence de synergies entre des forces différentes. Ce qu'indique la logique de l'antagonisme, c'est qu'*une force*, de quelque nature qu'elle soit, n'est jamais unique, elle existe toujours dans une relation contradictoire à une force antagoniste ; et c'est leur « synergie antagoniste » qui produit un système, un phénomène, un processus ; de même que tout système, tout phénomène, tout processus est toujours, *a minima*, le produit d'une telle synergie antagoniste (relation contradictoire d'actualisation et de potentialisation de forces antagonistes). Ainsi, quand deux phénomènes différents s'activent de façon synergique, c'est à condition de préciser le fait que leur actualisation synergique implique la potentialisation des phénomènes qui leur sont contraires – sinon, la synergie ne se réalise pas.

Matières, homogénéisation, hétérogénéisation, symétrisation

Du fait de l'équivalence matière-énergie (démontrée par Einstein), Lupasco rappelle qu'à toute matière correspond un système énergétique d'antagonisme(s) : ce qui implique une nouvelle appréhension et compréhension de l'idée même de matière. Lupasco observe l'existence de trois types de systèmes d'antagonismes différents, donc de *trois matières*, qui interfèrent systémiquement entre elles :

– La matière macrophysique (ou matière inorganique) correspond à un système d'antagonismes qui est *homogénéisant* : c'est-à-dire qu'un des antagonismes tend (statistiquement) à l'emporter sur l'autre, et cela de telle sorte que cette asymétrie soit tendanciellement *homogénéisante* ; ce qui implique une certaine homogénéité de la matière macrophysique, de ses lois internes, de son mode de production, de ses éléments constitutifs.

À l'homogénéisation tendancielle de la matière macrophysique correspond le phénomène de l'entropie positive (accroissement de l'entropie postulée par le deuxième principe de thermodynamique), c'est-à-dire de la dégradation progressive, mais inéluctable de la matière organique en matière inorganique, puis de la matière inorganique en matière quantique (notamment en dernière instance en photons). À terme, l'homogénéisation « pure » d'un système signifie la dissolution de ses éléments constitutifs, et donc du système lui-même.

– La matière biologique (ou matière organique) correspond à un système d'antagonismes qui est *hétérogénéisant* : c'est-à-dire qu'un des antagonismes tend (statistiquement) à l'emporter sur l'autre, et cela de telle sorte que cette asymétrie soit tendanciellement *hétérogénéisante* ; ce qui implique une certaine hétérogénéité de la matière vivante, de ses modes de production, de ses lois internes, ce dont rendent compte sa foisonnante diversité, ses mutations imprévisibles et son évolution complexe et multiple.

À l'hétérogénéisation tendancielle de la matière organique correspond le phénomène de l'entropie négative (ou néguentropie) qui caractérise le phénomène du vivant, sa lutte constante contre l'entropie positive, contre l'homogénéisation. À terme, l'hétérogénéisation « pure » d'un système signifie la prolifération de ses éléments constitutifs, et donc la dispersion du système.

L'homogénéisation et l'hétérogénéisation participent contradictoirement à la systémologie qui produit la matière macrophysique ou la matière biologique ; l'asymétrie qui est observée, la tendance homogénéisante ou la tendance hétérogénéisante, est statistique et systémique.

– La matière microphysique (ou matière quantique) correspond à un système d'antagonismes qui est *symétrisant :* les forces contraires se rencontrent et s'annulent mutuellement sans cesse ; Lupasco précise que cette symétrisation systémique crée une situation de fort dynamisme énergétique. Ce qui est confirmé par l'expérience.

À la symétrisation tendancielle de l'homogénéisation et de l'hétérogénéisation de la matière quantique correspond, par exemple, une fameuse propriété de la matière quantique qui est le principe de non-localisation quantique (en lien avec le principe d'indétermination d'Heisenberg) : il n'est pas possible de déterminer si la nature de la matière quantique est corpusculaire (donc discontinue, donc hétérogène) ou ondulatoire (donc continue, donc homogène). Il faut en conclure que la matière quantique est à la fois et contradictoirement corpusculaire et ondulatoire, discontinue et continue, hétérogène et homogène ; et soumise en permanence, précise Lupasco, à une dynamique contradictoire de semi-actualisation et semi-potentialisation.

Dialectique synthétique, dialectique contradictoire

La systémologie dynamique fondée sur la logique de l'antagonisme élaborée par Lupasco s'appuie aussi sur une remise en cause (à partir de l'expérience quantique) de la dialectique synthétique hégélienne (thèse, antithèse, synthèse), qui se fonde sur la logique du tiers exclu d'Aristote, qui est une logique du non-contradictoire. Lupasco propose d'ajouter une logique, une dialectique du contradictoire, qui est une *logique du tiers inclus*. Cela se formule ainsi :

– selon la logique du tiers exclu, soit A = A et B = B, alors A≠B ; autrement dit, l'identification de A et de B interdit, exclut l'idée que A et B soient identiques ; l'identification, c'est-à-dire l'actualisation, de A, potentialise B comme étant identique ; et inversement.

La matière macrophysique étant tendanciellement homogène, les lois physiques classiques ont pu se soutenir de cette logique identitaire – identifiante et homogénéisante.

– Avec la logique du tiers inclus, soit A et soit non-A, alors A = A et A = non-A[4] ; autrement dit, on inclut l'idée, la possibilité que A

[4] Lupasco utilise l'expression $\bar{A}$ (qui signifie non-A) pour désigner la force contraire à A ; mais des sémiologues ont fait remarquer que non-A ne signifie pas le contraire de A mais la négation de A, ce qui équivaut sémantiquement à désigner le néant ; c'est pourquoi j'utilise ici plutôt l'expression « anti-A » pour désigner le contraire de A.

et non-A coexistent dans une relation pourtant contradictoire ; l'actualisation et la potentialisation, le continu et le discontinu, l'homogène et l'hétérogène peuvent coexister contradictoirement.

Ce qui correspond à la situation de la matière quantique, dont les propriétés « étranges » (notamment la superposition quantique) obligent à dépasser la logique classique aristotélicienne et hégélienne, qui est une logique du non-contradictoire

Orthodialectique et paradialectique

La systématisation (statistique) d'un système produit ce que Lupasco appelle une « orthodialectique », c'est-à-dire une matière ; orthodialectique parce que la dialectique contradictoire se réalise de façon systématique dans une direction donnée (une direction symétrique symétrisante pour la matière microphysique, une direction asymétrique homogénéisante pour la matière macrophysique, une direction asymétrique hétérogénéisante pour la matière biologique).

Or, du fait des multiples interactions qui se réalisent entre systèmes, phénomènes, processus, il existe aussi ce que Lupasco nomme des « paradialectiques » : systèmes intermédiaires qui prolifèrent et interagissent, mais sans se systématiser, sans devenir matière. Ce qui fait dire à Lupasco que les paradialectiques sont *immatérialisantes*, et qu'elles sont bien plus nombreuses que les orthodialectiques *matérialisantes* (au nombre de trois).

Univers, système de systèmes

Différents systèmes, orthodialectiques et/ou paradialectiques, interagissent entre eux, selon la logique de l'antagonisme (actualisation, potentialisation, homogénéisation, hétérogénéisation, symétrisation). La systémogénèse de systèmes conduit à la production d'un univers. Dans notre univers de référence, le biologique apparaît comme le produit d'une orthodialectique hétérogénéisante du physique, lui-même étant le produit d'une orthodialectique homogénéisante du quantique, lui-même étant le produit d'une orthodialectique symétrisante ; Lupasco fait remarquer que notre univers, système de systèmes, est tendanciellement homogénéisant – autrement dit, physique.

Une épistémologie

On le voit donc, Lupasco propose une épistémologie, qu'on peut qualifier de type holiste. L'idée d'une logique de l'antagonisme, à travers différentes appellations, n'est pas nouvelle. Par exemple, Barus-Michel avance l'idée d'une « énergie du paradoxe[5] » qui se trouve dans toute réalité, matérielle ou psychique ; mais la formalisation théorique de Lupasco est selon moi bien plus aboutie. Héraclite avait (au VIe siècle av. J.-C.) forgé le terme d'*énantiodromie* pour exprimer l'idée que tout comportement peut évoluer vers son contraire. Cette conception se retrouve dans le taoïsme (avec les principes du Yin et du Yang). Mais le principe de non-contradiction d'Aristote, vu ci-dessus, vient l'exclure de la philosophie classique occidentale. Elle est redécouverte d'abord par Nietzche, puis surtout par Jung, connaisseur du taoïsme, qui fait de l'énantiodromie, et de sa nature ambivalente, le cœur de sa métapsychologie, tant à un niveau individuel que collectif. Watzlawick, dans un cadre systémique, l'utilise aussi à un niveau individuel et collectif, relativement à ce qu'il appelle le *double bind*, le lien de double contrainte. Et le structuralisme (avec notamment Leroi-Gourhan, Lévi-Strauss, Barthes, Durand, Foucault, Lacan) a mis en avant l'existence d'une logique bipolaire relativement aux phénomènes culturels. La bande de Moebius apparaît comme une métaphore de l'énantiodromie : le désir devient par un jeu de torsion du manque, qui devient à son tour du désir, etc.

[5] Jacqueline Barus-Michel, *L'énergie du paradoxe*, éditions Desclée de Brouwer, 2013

L'originalité de l'épistémologie de Lupasco me semble se trouver dans sa description du fonctionnement de la logique de l'antagonisme : avec les processus d'actualisation et de potentialisation, d'homogénéisation, d'hétérogénéisation et de symétrisation, de paradialectique et d'orthodialectique.

Le problème de la matière psychique

Donc, trois matières – trois orthodialectiques.

Mais Lupasco avance en même temps une autre thèse qui est à l'origine de mon interrogation, puis de ma proposition de révision.

Il fait remarquer qu'il y a une « analogie frappante » entre le phénomène quantique et le phénomène psychique. De son point de vue, c'est-à-dire du point de vue de la logique de l'antagonisme qu'il a élaborée, on retrouve dans le psychique les mêmes propriétés systémologiques que dans le quantique : antagonisme symétrique systématique créant une haute conflictualité de ses éléments « contraires » (amour/haine, etc.), difficulté à distinguer l'actuel du potentiel, l'homogène de l'hétérogène, le continu du discontinu, à identifier clairement ce qui relève du conscient ou de l'inconscient, du subjectif ou de l'objectif – de même qu'il est difficile d'identifier clairement ce qui relève du corpusculaire ou de l'ondulatoire dans la matière quantique ; il y a une ambivalence fondamentale du psychique qui correspond d'un point de vue analogique au phénomène de superposition quantique – la psychanalyse ayant montré que dans l'inconscient, un individu peut se penser à la fois masculin et féminin.

Ainsi, comme la matière quantique, le psychique est un système à antagonisme symétrique, où continu et discontinu, homogène et hétérogène se rencontrent sans cesse, en un point, dit-il, de semi-actualisation et semi-potentialisation, appelé état T. Lupasco en déduit que quantique et psychique sont, du point de vue systémologique, *une même matière ;* et il y a donc trois matières : la matière quantique ou psychique, symétrisante, la matière physique, homogénéisante, la matière biologique, hétérogénéisante.

Cette déduction, si elle peut sembler « logique », apparaît néanmoins surprenante, car elle s'éloigne fortement de l'expérience qu'on peut avoir du psychique d'une part et du quantique d'autre part : notamment, on s'appuiera sur « le fait » selon lequel le quantique *ne pense pas*, alors que le psychique produit de la pensée – que la pensée soit consciente ou inconsciente ne change pas cette observation. Une telle différence de propriété admet donc mal l'équivalence qui est proposée par Lupasco.

Il convient, dans un registre analytique, de confronter logique et expérience. Chez Lupasco, la logique de l'antagonisme provient en premier lieu d'un questionnement relativement à l'expérience quantique[6] ; puis il a étendu la logique de l'antagonisme à l'ensemble des « expériences énergétiques » qui constituent intrinsèquement la physique, le biologique et le psychique ; autrement dit, il s'est appuyé sur les expériences physique, biologique et psychique pour confirmer l'existence d'une logique, qu'on peut dire fondamentale et universelle, de l'antagonisme.

Dans ce texte, je ne remets pas en cause la logique de l'antagonisme, mais je critique l'équivalence systémologique qui est établie par Lupasco entre matière quantique et matière psychique.

On verra que j'aboutis à l'affirmation selon laquelle le psychique correspond à *une quatrième matière*, du fait que celle-ci possède des caractéristiques systémologiques spécifiques, différentes de celles du quantique.

---

[6] Il est loin d'être le seul à avoir effectué cette démarche ; à titre d'exemple on peut citer Devereux qui indique que son élaboration théorique, qui a donné naissance à l'ethnopsychanalyse, doit beaucoup aux travaux en physique quantique : Georges Devereux, *De l'angoisse à la méthode dans les sciences du comportement*, collection Champs Essais, éditions Flammarion, 2012

A/ Première critique

Lupasco appuie son argumentation analogique sur un certain nombre d'observations cliniques liées à l'expérience neuropsychique. Notamment, il reprend la théorie neurologique des circuits neuronaux afférents (qui amènent les perceptions au cerveau) et efférents (qui produisent une action depuis le cerveau), mais pour la traduire dans sa propre théorie de l'antagonisme.

Ainsi, dit-il, dans le parcours afférent de la perception – lorsqu'un sujet regarde un objet par exemple – il y a à la fois des perceptions hétérogènes qui s'actualisent inconsciemment chez le sujet et, de façon antagoniste, la production potentialisée d'une conscience d'identité homogène de l'objet. Il note alors que l'actualisation subjective est inconsciente, alors que la potentialisation objective est consciente.

Dans le parcours efférent de l'action – lorsqu'un individu fait une action, suite à une perception par exemple –, le projet d'action est potentiel et donc conscient, mais dans un rapport antagoniste avec d'autres actions possibles ; puis, au fur et à mesure que le projet d'action se réalise, s'actualise, s'homogénéise, il devient inconscient, en potentialisant la conscience et l'hétérogénéité des autres actions possibles. Même remarque : le sujet est actualité inconsciente, l'objet est potentialité consciente.

Résumons : dans le trajet afférent (perception), il y a de façon antagoniste actualisation inconsciente de l'hétérogène et potentialisation d'une conscience de l'homogène ; dans le trajet efférent (action), il y a de façon antagoniste actualisation inconsciente de l'homogène et potentialisation d'une conscience de l'hétérogène.

De ce double parcours afférent-efférent de l'appareil neuropsychique, Lupasco déduit qu'il y a un système de double antagonisme d'actualisation et de potentialisation de l'homogène et de l'hétérogène ; cet équilibre dynamique de symétrie antagoniste (qu'il appelle état T) crée dans l'appareil psychique les conditions d'une conscience de la conscience et d'une conscience de l'inconscience.

Faisons une première remarque : on constate d'abord dans la proposition de Lupasco une inversion de la logique habituelle : alors que généralement on fait correspondre l'actuel avec le conscient et le potentiel avec l'inconscient, Lupasco fait correspondre l'actuel avec un état inconscient, et le potentiel avec un état conscient. Cette inversion sémantique pose problème et nécessite un approfondissement.

La théorie de la forme (*Gestalttheorie*[7]) montre ceci : le sujet n'a pas conscience de l'hétérogénéité de l'objet, ce qui correspond à ce que la théorie de la forme appelle la perception locale ; ce dont il a conscience, c'est l'homogénéité de l'objet, ce que la théorie de la forme appelle la perception globale. Autrement dit, l'hétérogénéité de la vision afférente est donc potentialisée par le cerveau, pour produire, pour actualiser la conscience d'un objet homogène. D'où les fameuses erreurs de vision qu'a expliquées la théorie de la forme, la vision globale l'emportant sur la vision locale. De plus, si le cerveau ne faisait pas cette opération de potentialisation de l'hétérogénéité de l'objet, nous aurions le plus grand mal à coordonner notre propre activité, en étant submergé par une vision hétérogène. Celle-ci reste agissante, comme la logique de l'antagonisme le précise bien, ce qui nous permet aussi de saisir, inconsciemment ou subconsciemment, des détails et d'agir en conséquence.

Ainsi, la théorie de la forme contredit, en s'appuyant sur l'expérience, ce qu'avance Lupasco, notamment en montrant qu'il y a une potentialisation inconsciente de la vision afférente hétérogène,

---

[7] Wolfgang Köhler, *Psychologie de la forme,* collection « Essai », éditions Folio, 2000.

et non une actualisation inconsciente de la vision afférente hétérogène – et *idem* pour la vision afférente homogène.

La remarque est identique concernant une théorie de l'action, où, contrairement à ce que dit Lupasco, le sujet actualise consciemment une action homogène en potentialisant dans l'inconscience l'hétérogénéité non seulement des autres actions possibles, mais aussi les détails de l'action qu'il actualise, cet hétérogène restant néanmoins agissant dans l'action réalisée. Cela est confirmé, par exemple, par la théorie de l'explicitation de Vermersch[8], qui constate un décalage entre ce que les individus disent faire et ce qu'ils font réellement (en comparant leurs explications avec une vidéo de ce qu'ils font). Les individus ont une conscience réfléchie, homogène, de leur action, mais ils n'ont pas conscience de tous les détails qui participent à cette action ou l'environnent (les petits gestes, les mille pensées, les sons, les odeurs, etc.) ; toute cette hétérogénéité de l'action reste dans le *préréfléchi* ou passe dans l'inconscient, elle est potentialisée. Lorsqu'on demande à quelqu'un d'expliquer son action, il met aussitôt en avant le *réfléchi*, c'est-à-dire la partie homogène et conscientisée de l'action (sous forme d'un commentaire ou d'une argumentation) ; pour pouvoir accéder au préréfléchi, à la partie hétérogène et inconscientisée de l'action, il faut utiliser une technique d'entretien particulière appelée entretien d'explicitation, qui consiste, par des questions ciblées et concrètes, à mettre l'individu *en évocation* pour retrouver les sensations (donc pour actualiser le potentialisé) et ainsi les détails et l'hétérogène de l'action[9].

Il y a donc, *à ce niveau-là de l'expérience neuropsychique*, une erreur d'analyse commise par Lupasco ; mais d'où vient cette erreur ? Elle ne vient pas, selon moi, de la logique de l'antagonisme elle-même, qui garde toute sa validité ; elle vient précisément

---

[8] Pierre Vermersch, *L'entretien d'explicitation*, collection « Pédagogies », éditions ESF, 2006 (5e édition).

[9] Il existe d'autres techniques d'entretien similaires, issues de théories « voisines », comme l'auto-confrontation croisée, l'instruction au sosie, etc.

d'une erreur terminologique, dans l'utilisation des mots « conscience » et « inconscience ». En effet, Lupasco ne réserve pas ces termes pour la seule situation psychique, il considère qu'ils concernent aussi la situation microphysique, macrophysique et biologique : ainsi, ces matières auraient également *une conscience et une connaissance de ce qu'elles font*. Le fait pour une matière d'interagir avec son environnement de telle manière et pas de telle autre serait la marque d'une conscience et d'une connaissance intrinsèques ; la spécificité de la matière psychique étant alors le phénomène inédit de la réflexivité, c'est-à-dire d'une conscience de la conscience.

D'une part, cette extension sémantique des termes conscience et connaissance est discutable : il s'agit en réalité d'une spéculation, qui ne repose pas sur l'expérience – que je sache, il n'existe pas d'expérience montrant qu'un atome ou une molécule a une conscience ou une connaissance de son agissement. D'autre part, Ferrarotti indique qu'une conscience se définit précisément par le fait d'être consciente d'elle-même, d'être conscience de la conscience[10] ; ce qui invalide l'extension terminologique faite par Lupasco.

Le problème s'accentue lorsque Lupasco fait correspondre l'actualisation avec l'inconscience et la potentialisation avec la conscience. On peut admettre partiellement cela : car l'on sait que nous réalisons des gestes automatiques, dont nous ne sommes pas conscients ; dans cette mesure, nous pouvons donc dire que certaines de nos actualisations sont inconscientes, alors que d'autres actualisations sont conscientes. Il demeure cependant dans la position terminologique de Lupasco une impasse de taille : comment expliquer que l'actualisation d'une perception afférente est inconsciente pour le sujet, tout en soutenant que la matière (ici les neurones qui transmettent l'influx nerveux) est consciente de son activité, c'est-à-dire de son actualisation ? Il y a là une contradiction, qui n'est

---

[10] Cité par Marie-Christine Josso, *Expériences de vie et formation*, Collection « Histoire de vie et formation », Éditions L'Harmattan, 2011.

pas d'ordre logique (énergétique), mais terminologique et sémantique, qui questionne l'emploi même des termes conscient ou inconscient par Lupasco.

On pourrait continuer à discuter de ce problème de « manipulation terminologique[11] » induit par Lupasco, à propos des notions de sujet et d'objet. En effet, selon Lupasco, un sujet définit toute chose, phénomène, processus, élément, qui est en situation d'actualisation inconsciente ; et un objet définit toute chose, phénomène, processus, élément, qui est en situation de conscience potentialisée. Comme les termes conscient et inconscient, le traitement terminologique opéré par Lupasco sur les termes sujet et objet aboutit à une conception erronée, qui apparaît bien éloignée de l'expérience.

Car l'intérêt majeur que l'on peut accorder à la logique de l'antagonisme est qu'elle s'appuie sur une dimension de concrétude essentielle, à savoir ce qu'on peut appeler *l'expérience énergétique* : tout processus, tout phénomène, tout système est énergétique, et toute énergie procède d'un antagonisme, c'est-à-dire d'une relation contradictoire entre des forces opposées, selon une double dynamique d'actualisation et de potentialisation. Au-delà du problème épistémologique qu'implique la remise en cause terminologique amenée par Lupasco (comment se comprendre, comment comparer, si le lexique même n'a plus aucune signification commune ?), la question se pose de comprendre comment et/ou pourquoi Lupasco en vient à *figer* l'actualisation comme une inconscience et la potentialisation comme une conscience. Alors que la logique de l'antagonisme nous amènerait à dire qu'il y a soit actualisation de la conscience et donc potentialisation de l'inconscience, soit actualisation de l'inconscience et donc potentialisation

[11] Sur ce problème de l'écart problématique entre langage scientifique et langage commun, voir Wittgenstein qui a critiqué l'éloignement de la philosophie du langage commun : Ludwig Wittgenstein, *Recherches philosophiques*, collection « Tel », éditions Gallimard, 2014.

de la conscience ; et même plus précisément, du fait de la symétrisation du système psychique, qu'il y a semi-actualisation et semi-potentialisation de la conscience et de l'inconscience.

On peut faire l'hypothèse, avec la deuxième critique, que cette erreur d'analyse de Lupasco provient plus profondément de la place *particulière* qu'il accorde à la matière psychique dans la systémogénèse générale ; autrement dit, derrière l'erreur terminologique se trouve en fait une erreur idéaliste ou même idéologique.

B/ Seconde critique

Nous l'avons vu plus haut, Lupasco repère dans le système psychique un état de symétrie et d'équilibre dynamique spécifique, nommé état T, état dans lequel toutes les forces d'actualisation et de potentialisation s'égalisent et s'annulent, ce qui ouvre le système à la possibilité de changements dynamiques importants.

Mais il identifie cet état T à un « psychisme » qui se trouverait au sein de toute matière-énergie. Puisque, dit-il, l'état T relève systémiquement du psychisme (comme dynamique symétrique), et puisqu'il y a toujours au sein de tout système un moment, même bref, d'état T d'équilibre dynamique des forces contraires, alors il faut en déduire qu'il y a du psychisme dans tous les systèmes, dans toutes les matières. Finalement, le psychisme lui apparaît comme le système dynamique originaire, celui par qui, du fait des propriétés de l'état T, tout arrive (les productions matérialisantes comme les productions immatérialisantes). Par conséquent, tous les systèmes (toutes les matières) ont donc une conscience et une inconscience, une connaissance et une inconnaissance.

Cette argumentation, qu'on peut qualifier de métaphysique, amène parfois Lupasco à tenir des propos d'allure mystique (lire notamment *L'homme et ses trois éthiques* et en particulier le trialogue[12]) – ce qui a sans doute participé à limiter la diffusion de sa théorie.

On peut avancer que l'erreur idéologique qui est produite par Lupasco relève du *continuisme*. Si nombre d'auteurs en sciences humaines et sociales restent classiquement dans une logique synthétique de l'expérience, il me semble que nombre d'autres ont, de façon plus ou moins formalisée, l'appréhension et la compréhension de la logique de l'antagonisme. L'intérêt pour Lupasco relevant du fait qu'il en a proposé une formalisation à mon sens aboutie. Cependant, même chez les auteurs qui reconnaissent la logique de l'antagonisme, on peut quand même lire une certaine hésitation quant à cette réalité de l'antagonisme : comme si cette logique était identifiée à une forme de clivage finalement trop radical ou trop binaire du réel ; l'idée d'antagonisme introduirait une sorte de discontinuité artificielle dans le réel, alors que le réel apparaît réellement continu ; il semblerait alors plus « réaliste » de privilégier le continu que le discontinu, en favorisant donc ce qu'on peut appeler une position « continuiste » face à une position « discontinuiste ».

On trouve, par exemple, cette hésitation chez Barus-Michel, qui reconnaît pourtant l'importance fondamentale d'une « énergie du paradoxe ». Dans son ouvrage sur le sujet social, elle met en avant l'idée d'une complémentarité entre sujet individuel et sujet social : tout sujet individuel se construit en référence à du sujet social, et tout sujet social se construit en référence à des sujets individuels. Bref, au final, elle favorise l'idée d'une continuité sujet/social relativement à l'idée d'une discontinuité sujet/social ; elle favorise une position continuiste. Alors que l'expérience ou l'analyse[13]

---

[12] Stéphane Lupasco, *L'homme et ses trois éthiques*, collection « L'esprit et la matière », éditions du Rocher, 1986

[13] Dans son introduction à la psychologie sociale, Moscovici indique que ce domaine a pour objet de recherche le conflit qui se réalise entre individu et social : Serge Moscovici, *Psychologie sociale*, Collection « Quadrige Manuels », Éditions PUF, 3e édition, 2014.

montre qu'il existe aussi et même tout autant une discontinuité entre sujet et social. Avec Lupasco, on est amené à penser une relation contradictoire continuité/discontinuité de la relation sujet individuel/sujet social.

Même hésitation chez Morin, qui, d'une part, articule les forces contraires de l'*homo sapiens* et de l'*homo demens*, et qui fabrique le néologisme « unidualité » pour rendre compte de la complexité du réel, à la fois et contradictoirement singulier et pluriel ; et qui, d'autre part, critique l'idée de rupture épistémologique (formulée par Bachelard) et en appelle à une « soudure épistémologique », pour retrouver, dit-il, l'unité de l'humain et sortir de la fausse idée (post)moderne qui affirme l'acosmie de l'être humain[14]. Donc qui fait la promotion du continuisme.

Signalons la position de Giddens[15] qui, à partir d'une thèse qu'il qualifie lui-même de « discontinuiste », critique pourtant la trop grande radicalité du concept de postmodernité de Lyotard. Il soutient que tous les systèmes sociohistoriques trouvent leur dynamisme dans une série d'oppositions ; il étudie notamment le rapport entre sécurité et risque, ou confiance et risque. Selon lui, on retrouve ce rapport aussi bien dans la tradition que dans la modernité ; ce qui change, dit-il, ce sont les particularités du rapport, pas le rapport lui-même. Notamment, dans ce qu'il propose d'appeler la « modernité avancée », il y a une amplification majeure de la dissociation spatiale et temporelle, ce qui donne lieu à des recombinaisons sociales de l'espace et du temps qui sont spécifiques de cette période moderne. Giddens n'exclut cependant pas l'idée que, en fonction de certaines conditions, la modernité avancée puisse basculer vers une postmodernité, qui sera caractérisée par d'autres particularités des rapports d'opposition qui structurent tout système social. Du point de vue de l'antagonisme, on constate donc

---

14 Edgar Morin, *Le paradigme perdu. La nature humaine*, éditions Seuil, 1979.
15 Anthony Giddens, *Les conséquences de la modernité*, collection « Théorie sociale contemporaine », éditions L'Harmattan, 1994.

que Giddens, qui se définit pourtant comme discontinuiste, apparaît bien plus « symétrique » que Lyotard, en faisant une place finalement importante au continuisme.

Il faut noter que tout un chacun peut être pris par cette hésitation, à soit vouloir voir la continuité du réel, soit vouloir voir la discontinuité du réel, parfois l'une, et parfois l'autre. Ce qui est compréhensible puisque les deux tendances sont en réalité présentes, constituant même la réalité psychique (du fait de sa symétrie dynamique) ; l'une (actualisée) n'annulant pas l'autre (potentialisée).

L'intérêt fondamental des travaux de Lupasco est d'avoir montré que la continuité et la discontinuité sont en fait deux dynamiques contradictoires irréductibles, participant non seulement à toute réalité, mais étant à l'origine même de toute réalité, comme condition nécessaire à toute réalité ; et d'avoir su formaliser avec ampleur cette réalité du dynamisme, dans une démarche proprement scientifique.

Mais, comme on l'a vu, Lupasco lui-même n'a pas échappé à cette hésitation : ce qui s'est traduit par une idéologie psychiste qui relève d'une position continuiste.

En guise d'approfondissement, on peut avancer que cette dérive continuiste de Lupasco provient du recours à une explication ontologique de type animiste. Cette qualification s'appuie sur les travaux de Descola concernant la question du rapport anthropologique et historique au réel[16] : comment, au cours du temps, les êtres humains ont, globalement, construit leur rapport au réel ? Descola distingue quatre modes différents d'ontologie :

[16] Philippe Descola, *Par-delà nature et culture*, collection « Folio essais », éditions Gallimard, 2005.

Totémisme	Continuité matérielle et morale humain/non-humain.
Animisme	Continuité morale/discontinuité matérielle.
Naturalisme	Continuité matérielle/discontinuité morale.
Analogisme	Discontinuité, mais structurée par des correspondances.

Dans le totémisme, tout est en continuité morale et matérielle, les humains et les non-humains, il n'y a pas de discontinuité. Dans l'animisme, la perception d'une discontinuité matérielle entre humains et non-humains est contrebalancée par l'idée de continuité morale (on pourrait dire de continuité psychique au sens où l'entend Lupasco dans sa métaphysique). Dans le naturalisme, c'est l'inverse. L'analogisme, qui observe une discontinuité globale entre les êtres, mais structurée par des correspondances locales, est sans doute le point de départ de Lupasco : en effet, le monde quantique s'est imposé comme une discontinuité par rapport au monde physique classique, et tous les chercheurs n'ont depuis eu de cesse de trouver des correspondances entre ces deux réalités. Mais ses travaux l'ont amené *in fine* à trouver une continuité morale/psychique comme réponse à cette discontinuité matérielle : soit une position de type animiste.

Or, il m'apparaît que la logique même de l'antagonisme relève en fait d'un cinquième mode, que Descola ne semble pas avoir envisagé (sans doute parce qu'historiquement ce cinquième mode est récent, en lien avec la découverte du monde quantique) : l'antagonisme (précisément), qui se définit comme une continuité du réel (matériel ou moral), mais structurée par des logiques contradictoires.

Une continuité du réel structurée par de la discontinuité : voilà selon moi l'idée forte de la théorie de la logique de l'antagonisme de Lupasco.

Totémisme	Continuité matérielle et morale humain/non-humain.
Animisme	Continuité morale/discontinuité matérielle.
Naturalisme	Continuité matérielle/discontinuité morale.
Analogisme	Discontinuité, mais structurée par des correspondances.
Antagonisme	Continuité, mais structurée par des contradictions.

*

En conclusion, il faut retenir ceci : l'indistinction entre matière quantique et matière psychique à laquelle aboutit Lupasco, que cela soit pour des raisons formelles (systémologie qui semble identique), ou pour des raisons fondamentales (idéologie psychiste, qu'on retrouve chez d'autres chercheurs) traduit une dérive dans l'analyse, c'est-à-dire dans la confrontation entre logique et expérience. Car l'expérience montre que la réalité quantique et la réalité psychique ne sont pas une même chose.

Autrement dit, cela nous amène à postuler l'existence d'une quatrième matière, la matière psychique ; et nous allons tâcher de montrer en quoi le système psychique se caractérise, du point de vue systémologique.

Proposition de révision

Si nous décidions, par conséquent, d'utiliser les significations « communes » des mots « sujet » et « objet[17] », et de réserver l'emploi des termes « conscient » et « inconscient » au phénomène psychique, qu'en serait-il ?

Nous dirions alors qu'il y a une potentialisation de l'hétérogénéité perceptive de l'objet, qui est une potentialisation qui s'effectue au sein de la matière biologique dont sont constitués les neurones, qui se traduit par une inconscience chez le sujet ; et qu'il y a une actualisation de l'homogénéité perceptive de l'objet, qui s'effectue au sein de la matière biologique dont est constitué le cerveau, qui se traduit par une conscience chez le sujet.

Nous observons qu'il y a bien un antagonisme entre potentialisation de l'hétérogène et actualisation de l'homogène, et cela de façon symétrique, car comme l'a montré la théorie de la forme, si le sujet a bien une conscience globale visuelle, il a bien aussi une inconscience locale visuelle qui reste agissante dans sa perception de l'objet, et du monde – inconscience locale qui d'ailleurs peut parfois s'actualiser, en devenant conscience en potentialisant la perception globale, en la rendant comme floue, à la limite de l'inconscience (comme lorsque quelqu'un se retrouve dans une sorte de « bulle visuelle » ou auditive).

---

[17] On ne sous-estime pas ici les difficultés à définir ces termes ; notamment, Latour propose de parler de « quasi-sujet », de « quasi-objet » et de « subobjectivité », pour critiquer le dualisme radical qui oppose les notions de sujet et d'objet, et pour indiquer qu'il y a toujours de l'objet dans le sujet et du sujet dans l'objet : Bruno Latour, *Nous n'avons jamais été modernes. Essai d'anthropologie symétrique*, collection « Poches Science », éditions La Découverte, 2006 ; et Bruno Latour, « Les mille aventures de la connaissance objective », préface à la traduction française du livre *Objectivité* de Lorraine Daston & Peter Galison par Sophie Renaut et Hélène Quiniou, Presses du réel, Fabula, Dijon, 2012.

On constate donc que la logique de l'antagonisme est fonctionnelle au niveau psychique, et qu'elle permet de dire (mais contre la postulation sémantique de Lupasco) qu'il y a chez un sujet, et donc dans la matière neuropsychique qui le constitue, une dynamique antagoniste de potentialisation et d'inconscience de l'hétérogénéité perceptive d'un objet, et d'actualisation et de conscience de l'homogénéité perceptive d'un objet.

La thèse de l'état T d'une dynamique singulière de semi-actualisation et semi-potentialisation élaborée par Lupasco ne perd pas sa validité : elle explique la possibilité d'un changement plus ou moins radical d'état d'un système. Soit, comme on l'a vu avec Lupasco, la situation dynamique d'état T produit dans le système une paradialectique ou dynamique immatérialisante – c'est ainsi que l'on peut envisager toute la diversité de situations symétriques, homogènes ou hétérogènes au sein d'un même système ; soit cette situation produit, radicalement et exceptionnellement, une nouvelle systématisation, une orthodialectique, une nouvelle matière – c'est ainsi que l'on peut envisager le passage ou la transformation entre matière quantique et matière atomique, entre matière atomique et matière biologique, entre matière biologique et matière psychique.

Donc, quatre matières.

D'ailleurs, Lupasco montre à plusieurs endroits une hésitation à ce sujet, et semble même vouloir lui-même distinguer quelque peu la matière psychique (en disant cependant que l'affectivité se distingue de l'énergie[18]) – mais sans pour autant renoncer à sa logique des trois matières.

Prenons un exemple, pris chez Lupasco, pour expliciter notre propos.

[18] Ce qui soulève plus de questions que de réponses.

Lupasco indique que dans les deux cas, quantique et psychique, la chose observée est perturbée par l'observateur (puisque son observation rompt la symétrie), qui ne peut alors dire si ce qu'il observe relève du corpusculaire ou de l'ondulatoire, pour le quantique, de l'objectif ou du subjectif, pour le psychique ; ce qui impliquerait un même principe de non-localisation. Cela nous semble juste ; cependant, Lupasco oublie ou néglige une différence majeure : dans la situation psychique, il faut ajouter que l'observateur est lui aussi perturbé par la chose observée ; dans la situation psychique, il se produit une double perturbation objet-sujet, ce qui a des conséquences expérientielles importantes et spécifiques (on l'a vu avec la subobjectivité chez Latour, mais on pense aussi à la théorie de la relation d'objet en psychanalyse).

De là on peut considérer que le dédoublement de la matière (objet-sujet) qui se produit dans la situation psychique n'est pas de *même nature* que le dédoublement de la matière (corpuscule-onde) qui se produit dans la situation quantique, même si la symétrie de l'antagonisme s'applique aux deux situations.

D'ailleurs, Lupasco reconnaît finalement la différence de nature de ce dédoublement en indiquant qu'il y a dans le psychique une conscience de la conscience, là où il y a simple conscience dans le quantique, le physique et le biologique ; pourtant il n'en tire pas la conséquence qu'il y a là deux matières différentes, puisqu'il n'y voit qu'une seule dynamique antagoniste symétrique.

C'est ici que je propose une nouvelle hypothèse : il n'y a pas une, mais deux dynamiques antagonistes symétriques possibles : l'une qui est centripète et l'autre qui est centrifuge.

Je propose un simple dessin pour mieux visualiser la chose :

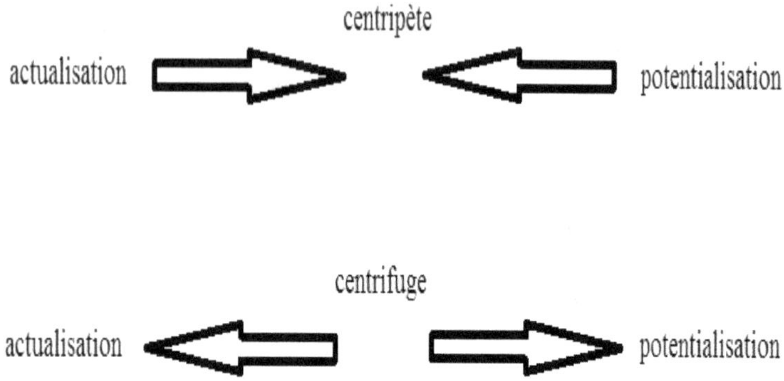

Dans la symétrie antagoniste centripète, il y a une équilibration systémique des dynamiques antagonistes, qui implique une *concentration* énergétique de l'actualisation et de la potentialisation, une relation antagoniste *intensive* d'un phénomène et de son contraire.

Dans la symétrie antagoniste centrifuge, l'équilibration systématique provient, au contraire, d'une *déconcentration* énergétique de l'actualisation et de la potentialisation, d'une relation antagoniste *extensive* d'un phénomène et de son contraire.

Lupasco ne semble voir dans l'antagonisme symétrique qu'une situation centripète de coexistence intensive, donc de *collusion*[19] permanente entre actuel et potentiel, continu et discontinu, homogène et hétérogène ; il n'envisage pas l'idée qu'il puisse y avoir

[19] *D'annulation* dit-il, même s'il utilise aussi l'idée de semi-actualisation et semi-potentialisation, ce qui semble nuancer cette idée d'annulation, qu'il réutilise cependant à plusieurs reprises, notamment pour montrer le caractère fort, intense, de cet antagonisme symétrique.

aussi antagonisme, et donc dynamisme, dans une situation centrifuge de *coexistence extensive* d'un phénomène et de son contraire.

On me dira aussitôt que, par cette idée, c'est moi qui introduis une erreur logique majeure : que *par définition*, un « antagonisme extensif » n'est pas, rigoureusement, un antagonisme ; que cela revient à rétablir la relation entre un phénomène et son contraire comme étant *synthétique*, et non pas contradictoire, ce qui n'entraîne donc pas de dynamisme. On se souvient que Lupasco critique, justement, la dialectique synthétique hégélienne qui provient de la logique du tiers exclu d'Aristote, qui a fondé la logique classique.

Je voudrais montrer que la symétrie centrifuge relève bien d'un dynamisme antagoniste, et qu'elle explique une situation dynamique particulière. Je propose de le faire en nous intéressant notamment à la question de *la résistance de la matière*, abordée par Lupasco lui-même.

Dans la situation centripète (qui est la situation à laquelle se réfère Lupasco pour décrire aussi bien l'expérience quantique que l'expérience psychique) l'équilibre symétrique se réalise au prix d'un antagonisme énergétique intensif, du fait même de la concentration centripète des forces d'actualisation et de potentialisation ; ce qui fait dire à Lupasco qu'il y a une forte résistance de la matière. Je dirais que nous avons là une *matière à résistance haute*, ce que je fais correspondre strictement à la situation quantique.

Dans la situation centrifuge (qui n'est pas envisagée par Lupasco), l'équilibre du système se réalise au contraire du fait de l'extension énergétique du phénomène et de son contraire, ce qui entraîne une tension énergétique basse. Je dirais que nous avons là une *matière à résistance basse*, ce qui me semble correspondre strictement à la situation psychique.

La matière psychique diffère ainsi de la matière quantique par la nature de leur résistance, c'est-à-dire par la nature de leur symétrisation : pour reprendre un exemple utilisé plus haut, dans la situation quantique, l'observateur ne peut jamais observer directement la dualité entre corpusculaire et ondulatoire, discontinu et continu, du fait qu'il s'agit d'une matière à résistance haute, où la concentration de l'antagonisme énergétique est intensive ; dans l'expérience psychique, l'observateur peut percevoir cette dualité, cette ambivalence, du fait qu'il s'agit d'une matière dont la résistance peut être qualifiée de basse – ou pour le dire autrement, du fait de la capacité du psychique à la conscience de la conscience.

Ainsi, l'idée et l'observation de matière à résistance haute et de matière à résistance basse me conduisent à une première proposition de révision de la théorie de Lupasco.

Je précise que « haute » et « basse » ne désignent pas des valeurs absolues, mais relatives : la matière psychique a une résistance basse relativement à la matière quantique qui a une résistance haute.

Le fait que la matière quantique a une résistance haute entraîne toute une logique, une systémologie (décrite par Lupasco) quant à sa structuration et ses propriétés.

De même, le fait que la matière psychique a une résistance basse entraîne aussi toute une logique, une systémologie quant à sa structuration et ses propriétés, qu'il va nous falloir décrire ; ou plus exactement, nous allons comparer ce que nous savons de l'expérience psychique avec notre hypothèse d'une symétrie extensive, afin de savoir si nous pouvons la valider ou pas.

Rappelons en premier lieu un fait important : pour Freud, l'appareil psychique est un organe qui a une fonction particulière : il permet l'abaissement des tensions qui se manifestent à partir du corps. En effet, la conscientisation (qui historiquement s'est développée à partir de la cérébralisation chez le genre *homo* puis chez l'espèce *homo sapiens*) produit une sexualisation (plus précisément, une érotisation) inédite des phénomènes de la vie, qui est spécifique de l'être humain : au besoin s'ajoutent le désir et le manque, à l'instinct s'ajoutent la pulsion de vie et la pulsion de mort, etc. Cette érotisation de l'existence produit, par le biais des pulsions, des conflits intrapsychiques, qui se traduisent en tensions psychosomatiques pour le sujet, et éventuellement en symptômes. Or, c'est le travail psychique, conscient et inconscient, qui permet de réduire ces tensions, par le biais de différents mécanismes : rationalisation, refoulement, clivage, sublimation, symbolisation, imagination, rêve, projection, etc. Autrement dit, le psychisme est à la fois le lieu fonctionnel par lequel se produisent les pulsions, sources de tensions, et par lequel sont réduites les tensions.

Si nous traduisons cela dans la théorie révisée de Lupasco, nous disons que les différents phénomènes psychiques contradictoires que sont : la conscience et l'inconscience, le désir et le manque, la sublimation et l'aliénation, l'adaptation et la fixation, l'imaginarisation et la symbolisation, etc., sont les produits caractéristiques de la résistance basse de la matière psychique, qui est liée à la symétrisation extensive du système psychique. C'est *le fait* d'une « souplesse psychique » (qu'évoque très rapidement Lupasco) qui permet la coexistence « lâche » de l'actuel et du potentiel, de l'homogène et de l'hétérogène.

Cette relation contradictoire symétrique extensive est nommée précisément *ambivalence* par la psychanalyse, ambivalence qui est spécifique du psychique. Ainsi, on ne peut pas dire de la matière quantique qu'elle est ambivalente : il y a au contraire une collusion permanente de sa double nature contradictoire.

Et c'est cette souplesse (cette extension) énergétique de la matière psychique qui produit cette capacité d'adaptation qui caractérise tant l'espèce humaine ; la capacité d'adaptation de l'être humain est à mettre en lien avec sa « capacité imaginante », comme le note

Morin[20] ; mais celui-ci indique aussi que c'est cette même capacité qui conduit l'humanité à son aliénation, produisant ainsi une humanité double, à la fois *homo sapiens* et *homo demens*. Dans le langage de la logique révisée de l'antagonisme, on dira qu'il y a symétrisation extensive des dynamiques de sapience et de démence.

Le psychanalyste Assoun (lors d'une émission de radio) parle du *dosage* qui s'établit tout au long de la vie pour tout sujet entre pulsion de vie et pulsion de mort ; ce terme, dosage, me semble rendre compte de l'idée de « co-extension » qui est caractéristique de l'antagonisme psychique. Mais, Freud décrit déjà une telle opération de « gestion » des conflits psychiques, par le terme de « compromis[21] » : il y a dans le travail psychique la recherche d'un compromis, c'est-à-dire un processus de conciliation antagoniste entre les représentations refoulées et refoulantes ; compromis dont le but effectif est d'arriver à un relatif apaisement, une relative réduction des tensions ; ainsi qu'à une adaptation aux diverses situations et expériences rencontrées tout au long de l'existence.

Alors qu'il n'y a pas de compromis dans le quantique, la symétrie quantique se réalise, au contraire, dans une concentration, une collusion *sans compromis* de l'antagonisme. Et on peut ajouter : heureusement ! Car c'est bien le fait que la symétrie antagoniste soit intensive, qu'il s'agisse d'une matière à résistance haute, qui permet à la matière quantique de jouer son rôle fondamental de « ciment[22] ».

Autrement dit, on dira ce que les psychanalystes connaissent bien, à savoir que la sortie d'un conflit intrapsychique se réalise par

---

[20] Edgar Morin, *Le paradigme perdu*, *op. cit.*

[21] Voir la définition donnée par Laplanche et Pontalis, sur le site : http://psycha.ru/fr/dictionnaires/laplanche_et_pontalis/voc113.html

[22] Un ciment, certes, bien étrange pour le sens commun de l'être humain, puisqu'apparenté à ce qu'on a appelé le « vide quantique ».

l'ambivalence psychique (l'ambivalence correspondant au phénomène d'extension énergétique de l'antagonisme dans le psychique) : c'est parce que j'ai conscience que je peux à la fois[23] aimer et haïr mon parent, mon enfant, mon conjoint, mon travail, mon chef, mon pays, etc., que je peux sortir d'un conflit intrapsychique, qui sinon pourrait devenir pathologique.

La question de l'ambivalence, de sa formulation, peut être discutée avec Devereux qui, dans le cadre d'une approche ethnopsychanalytique des sciences du comportement[24], propose une analyse qui apparaît proche de la logique de l'antagonisme de Lupasco. Ainsi, il observe (pages 291-292) l'existence d'une théorie « selon laquelle il semble y avoir une sorte de loi de Newton psychologique : "pour chaque action (manifeste) il y a une réaction égale et opposée (généralement latente)" [...] Le refus de prendre en considération ce "revers de la médaille" *invariablement présent* est à la racine de bien des schématisations dans les études de culture-et-personnalité... » Dans ce passage, on retrouve l'idée d'une loi (systémologie) selon laquelle une action manifeste (actualisation) s'articule avec une réaction égale (symétrique) et opposée (antagoniste) qui est généralement latente (potentialisée). La précision qu'il s'agit d'une articulation « invariablement présente » confirme la dimension systématique et systémologique, mise en avant par Lupasco pour définir une matière.

Devereux indique par la suite (page 292) certaines caractéristiques de cette loi :

> « si une culture maximise ouvertement le trait X et minimise implicitement ou explicitement son opposé (non-X), *cette minimisation de non-X constitue un trait culturel aussi important que la maximisation du trait X.* Il est même probable que certains traits marginaux par essence, mais culturellement surélaborés et/ou suractualisés, sont essentiellement une contrepartie ("jeu de poids et

---

[23] À la fois, mais pas « en même temps », comme le fait remarquer Lupasco.

[24] Georges Devereux, *De l'angoisse à la méthode dans les sciences du comportement*, collection « Champs Essais », éditions Flammarion, 2012 ; notamment pages 291 à 299.

> contrepoids") à certains traits "nucléaires" opposés et culturellement maximisés. »

La maximisation correspond à l'actualisation d'un trait X et la minimisation à la potentialisation d'un trait opposé non-X. Devereux comprend, à l'instar de Lupasco ou de Freud, que le trait minimisé reste pourtant agissant, et que c'est l'articulation du maximisé et du minimisé qu'il convient d'appréhender : « Le vrai problème n'est donc pas tant de reconnaître l'existence de modèles doubles – symétriques et se compensant mutuellement – que d'analyser minutieusement l'interaction entre les deux ».

Cependant, l'explication de Devereux, dans le passage de la page 292, est plutôt confuse : cela provient de ce qu'il ne distingue pas suffisamment ce qui relève de l'actualisation et ce qui relève de la potentialisation ; Devereux donne ainsi l'impression d'une situation dans laquelle aussi bien le trait nucléaire, qui est culturellement maximisé, que le trait marginal, qui est culturellement suractualisé (mais alors quelle est la différence ?), s'actualisent tous deux dans une relation d'opposition.

Or, ce que permet d'établir la logique de l'antagonisme de Lupasco, c'est que la situation d'une culture (ou d'une personnalité) qui actualiserait (ou potentialiserait) *simultanément* un trait et son opposé, relève d'une situation limite, pathologique, à terme non viable. Selon Lupasco, la maximisation (l'actualisation) d'un trait X *se réalise nécessairement et contradictoirement* avec la minimisation (la potentialisation) d'un trait opposé non-X, et cela, quelle que soit la culture (ou la personnalité) qui s'inscrit inévitablement dans une systémologie antagoniste. Ainsi, pour reprendre l'exemple de Devereux, un trait habituellement marginal (potentialisé) dans une culture peut tout à fait être actualisé (et il n'est alors pas nécessaire de dire suractualisé) en fonction ou à l'occasion d'une situation Y, mais *à la condition systémologique* que le trait habituellement nucléaire opposé soit, même momentanément, potentialisé.

Autrement dit, malgré une même appréhension du phénomène, nous aurions là deux compréhensions de ce qu'on appelle l'ambivalence : pour Devereux, si l'on se réfère au passage cité plus haut, l'ambivalence serait le fait de *l'actualisation simultanée* de deux traits opposés ; c'est ce que l'on retrouve dans le passage suivant (page 294) :

> « Deux modèles symétriques et opposés [...] représentent les deux pôles d'une ambivalence personnelle et/ou culturelle et *doivent* refléter une telle ambivalence, car il n'est pas de conditionnement culturel qui puisse transformer l'homme en un être dépourvu de toute ambivalence [...]. En effet, même si l'ambivalence est relativement nulle pour des items culturels ordinaires [...] il existe toujours pour un trait culturellement très chargé, l'hyper-investissement obligatoire d'*une attitude* étant lui-même un sous-produit de l'effort pour nier sa propre ambivalence à son sujet. »

Les termes « très chargés » et « hyper-investissement » utilisés par Devereux nous indiquent que nous nous situons dans le cas de figure de la symétrie intensive, qui est celle de la matière quantique. Notre révision de la logique de l'antagonisme de Lupasco propose de considérer que la matière psychique se réalise par la systématisation d'une symétrie extensive : ainsi, l'ambivalence psychique se comprend non comme l'actualisation simultanée de deux traits opposés, mais comme la relation contradictoire symétrique d'une actualisation et d'une potentialisation.

Nous pouvons prendre l'exemple de l'amour et de la haine, en particulier avec l'apport de Winnicott lorsqu'il indique qu'une mère « normale » est celle qui est suffisamment bonne et suffisamment mauvaise ; il faut entendre cela dans le sens de semi-actualisation et semi-potentialisation avancé par Lupasco, mais que l'on a traduit comme étant une symétrie extensive pour le psychique. Ainsi, une mère qui serait *simultanément* aimante et haineuse avec son enfant serait une mère pathologique qui le rendrait fou ; cette situation a été appelée « lien de double contrainte » (*double bind*) par l'école de Palo Alto, dans le courant de la théorie systémique ; ce qui est alors identifié là, ce n'est pas une relation ambivalente, mais précisément une relation *paradoxale*. Paradoxal est donc le terme exact qui désigne ce type de relation pathologique qui se produit par l'actualisation simultanée de deux traits opposés. Une mère normale est celle qui actualise son amour en potentialisant donc sa haine et qui, si elle ne supporte plus les pleurs prolongés de son enfant, va, bien normalement, actualiser sa haine en potentialisant donc son amour. Puis, la fonction symétrisante du psychique permettra un retour à l'équilibre ; jusqu'à la prochaine expérience d'amour ou de haine…

Devereux se montre plus nuancé dans son propos lorsqu'il ajoute (page 294) :

> « Chaque culture contient également la négation de son modèle manifeste et de ses valeurs nucléaires à travers une affirmation tacite des modèles latents et des valeurs marginales contraires. […] Cette interaction ne peut être ni analysée ni comprise dans le cadre du système essentiellement non psychologique de la dialectique hégelo-marxienne […]. »

L'idée d'une dynamique antagoniste comme fondement du système (ici culturel) y est évidente ; mais aussi, on remarque que Devereux critique comme Lupasco la dialectique hégélienne, inapte à saisir la relation contradictoire, qui est pourtant à la base de tout système.

À la lecture de son ouvrage, il apparaît que Devereux avait la connaissance empirique et théorique du fait qu'il y a deux configurations symétriques possibles : une symétrie extensive, qui correspond à l'ambivalence en général, et une symétrie intensive, qui correspond à des situations paradoxales limites voire pathologiques ; mais il lui a manqué la formalisation de la logique de l'antagonisme de Lupasco (non seulement l'actualisation et la potentialisation, mais aussi l'homogénéisation, l'hétérogénéisation et la symétrisation) pour pouvoir exprimer plus clairement cette importante distinction phénoménologique et clinique.

Poursuivons notre investigation par une interrogation : si ce qui caractérise la matière psychique est que sa résistance est basse, souple, lâche, que dire cependant de la formidable énergie psychique que déploie l'homme pour transformer le monde – pour le meilleur ou pour le pire, diront certains ? Que dire de l'état de guerre quasi permanent qui accable l'humanité depuis la révolution néolithique et notamment l'établissement des États – même si Serre nous indique que la violence ne cesse globalement de diminuer ? Ou que dire de la crise écologique majeure qui est le fait d'une consommation générale excessive – même si de plus en plus de voix semblent militer pour une « décroissance » ? Tout cela est-il compatible avec l'idée d'une matière psychique à résistance basse, à énergie souple et extensive ?

Il faut alors rappeler que la symétrie, en tant qu'orthodialectique, l'est *tendanciellement* : globalement, il y a équilibration des forces contraires. Il peut donc apparaître des manifestations paradialectiques violentes lorsque la symétrie est rompue, du fait d'une situation, d'une expérience, d'un moment. Dans le cas de la matière quantique, la rupture de symétrie entraîne le phénomène de la fission nucléaire ; dans le cas de la matière psychique, la rupture de symétrie entraîne des phénomènes psychopathologiques divers, de type psychosomatisation, décompensation, passage à l'acte, etc.

De plus, il faut ajouter que l'expérience psychique n'est pas une expérience « matérielle » isolée, ou plus exactement que les différents systèmes interagissent entre eux : ainsi, toute expérience humaine implique les différentes matières-énergies, psychique, mais aussi biologique, atomique et même quantique. Dans l'expérience psychique, l'excès d'hétérogénéisation peut (paradialectiquement) provenir de la matière biologique, tandis que l'excès d'homogénéisation peut (paradialectiquement) provenir de la matière atomique. À la différence de Lupasco, on envisage qu'il puisse aussi y avoir un excès de symétrisation intensive, provenant (paradialectiquement) de la matière quantique : la symétrie psychique extensive se transforme soudain, en lien avec une situation nouvelle qui peut être corporelle ou existentielle, en une symétrie intensive, provoquant donc d'importants passages à l'acte, décompensations, somatisations.

Si l'on voulait faire ici, comme Lupasco, une analogie entre le quantique et le psychique, nous dirions que la situation de crise psychotique[25] correspondrait le plus à la situation quantique : celle d'une décompensation, d'un délire aigu ou d'une catatonie, liés à une conflictualité intrapsychique intense. Si le psychique en tant que système supporte généralement le conflit et l'antagonisme, c'est parce qu'il peut l'étendre, parce qu'il peut faire coexister de façon extensive l'actuel et le potentiel, le continu et le discontinu, l'homogène et l'hétérogène. Dans la formation de la crise psychotique, on observe que le psychique s'effondre du fait qu'il ne parvient pas, dynamiquement, à former un compromis (qui peut être une sublimation ou un symptôme) ; la configuration psychique est alors du registre d'une symétrie intensive, à savoir un état de confusion intense de l'actuel et du potentiel, de l'homogène et de l'hétérogène, du continu et du discontinu.

Mais je signale l'existence d'une autre dynamique, qu'on dira intermédiaire entre le psychique et le quantique, qui correspond au phénomène de *catharsis*. Dans la catharsis[26], la situation de rupture de symétrie est provoquée (par une mise en scène, ou par un état de crise ou de transe, notamment), mais produit au final (intentionnellement ou pas) un rééquilibrage, un retour à une symétrie extensive, à une ambivalence acceptant les contradictions. En effet, la catharsis est définie (originellement par Aristote) comme un phénomène de purification qui permet « la séparation du bon avec le mauvais ». Il s'agit de manifester les passions dans toute leur conflictualité (dimension quantique) afin de parvenir, par un travail en quelque sorte forcé de conscientisation, à une situation de reconnaissance de l'ambivalence qui soit acceptable (dimension psychique). Si l'on trouve ce phénomène cathartique principalement dans les arts ou dans les religions, il existe au quotidien, lorsque la colère s'exprime dans un couple ou dans une équipe de tra-

---

[25] On peut distinguer, avec Calligaris, la situation de la crise psychotique de la situation hors crise d'un individu psychotique normalement structuré : Contardo Calligaris, *Pour une clinique différentielle des psychoses*, collection « Problèmes actuels de la psychanalyse », éditions Érès, 1999.

26[26] Telle qu'elle est entendue dans les domaines du comportement, du spectacle ou de la psychothérapie.

vailleurs. Le plus souvent, cette colère permet après coup de retrouver une relation plus équilibrée, plus apaisée ; on dit d'ailleurs que c'est lorsque la colère ne s'exprime pas, qu'elle reste à l'intérieur, que des difficultés ultérieures ont lieu : soudain, ça craque de façon intense, provoquant, dans le registre du quantique, ce qu'on a vu plus haut, psychosomatisation, passage à l'acte, décompensation. Mais on se souviendra que les autres registres du physique (homogénéisation) ou du biologique (hétérogénéisation) peuvent aussi se manifester, en fonction des individus, situations, moments.

*

Il y a donc pour la symétrie psychique extensive trois évolutions paradialectiques possibles, en fonction des articulations conjoncturelles avec les autres matières ou systèmes : d'hétérogénéisation (« caractère » biologique), d'homogénéisation (« caractère » atomique), de symétrisation intensive (« caractère » quantique[27]).

On peut insister sur le fait que le compromis psychique qui caractérise la matière psychique présente un *avantage* en termes d'adaptation au milieu. L'idée d'avantage ne signifie pas que le psychique aurait plus de « valeur » que le quantique ; sans le quantique, pas de psychique. Mais dans le cadre d'une théorie évolutionniste, on peut dire que l'individu doté de psychique présente des avantages, notamment donc en termes d'adaptation au milieu, sur l'individu qui n'en a pas ; de la même manière que les évolutionnistes indiquent que l'individu à reproduction sexuée présente des avantages sur l'individu à reproduction non sexuée, et que chez

---

[27] Ainsi, à la différence de Lupasco qui repère trois éthiques, comportements, chez l'être humain (*L'homme et ses trois éthiques*, 1986), nous relevons quatre éthiques : une orthoéthique, psychique, et trois paraéthiques, quantique, atomique et biologique.

les premiers, les individus vivipares présentent des avantages sur les individus ovipares, etc.

Je propose ci-dessous deux schémas, avec des exemples typiques : l'un montrant les trois orthodialectiques ; l'autre les quatre orthodialectiques issues de la logique révisée de l'antagonisme.

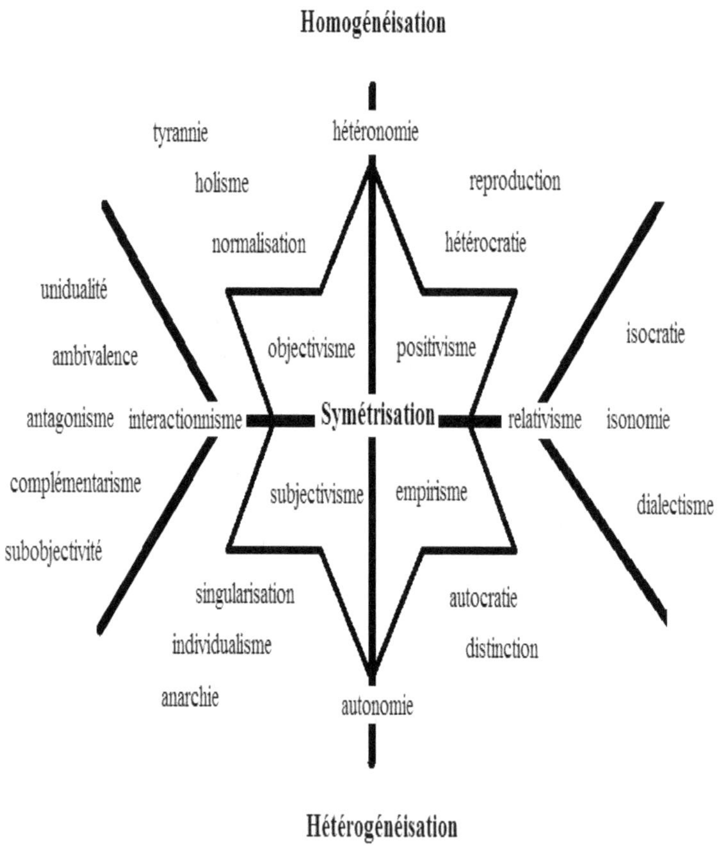

Dans l'étoile apparaissent les positions épistémologiques les plus prégnantes : l'objectivisme homogénéisant et le subjectivisme hétérogénéisant, dont la symétrisation est nommée interactionnisme par Uhl[28] ; le positivisme homogénéisant et l'empirisme hétérogénéisant, dont la symétrisation pourrait être nommée relativisme, au sens qu'en donne Latour dans son essai d'anthropologie symétrique[29] (celui d'un relativisme non pas absolu, mais relatif).

Dans la partie d'homogénéisation apparaissent les différentes formes d'hétéronomie, l'hétéronomie cherchant en effet à imposer un modèle comme le seul ou le meilleur possible : reproduction (au sens de Bourdieu), normalisation, hétérocratie, holisme, tyrannie, etc.

Dans la partie d'hétérogénéisation apparaissent les différentes formes d'autonomie, l'autonomie cherchant en effet à se singulariser autant que possible : distinction (au sens de Bourdieu), narcissisme, individualisme, autocratie, anarchie, etc.

Dans la partie de symétrisation apparaissent les différentes formes d'isonomie[30], l'isonomie cherchant en effet à égaliser (de façon extensive) les différentes forces ou dynamiques possibles : ambivalence (psychanalyse), complémentarisme (Devereux), unidualité (Morin), subobjectivité (Latour), dialectisme synthétique (Hegel), logique révisée de l'antagonisme (Lupasco / Corain).

---

[28] Magali Uhl, « Le sujet oublié de la sociologie. Approche phénoménologique de l'intersubjectivité dans la production de connaissance en sciences humaines », *Connexions* 2008/1 (n° 89), p. 91-106.

[29] Bruno Latour, *Nous n'avons jamais été modernes*, *op. cit.*

[30] L'isonomie est originellement un concept politique avancé par les Grecs anciens au moment de la tentative de démocratie athénienne ; je lui donne ici, à l'instar des termes autonomie et hétéronomie, une conception phénoménologique plus étendue.

Symétrisation intensive paradoxe superposition clivage fusion	**Homogénéisation** objectivisme positivisme hétéronomie reproduction normlaisation standardisation holisme tyrannie
ambivalence isonomie interactionnisme antagonisme complémentarisme dialectique **Symétrisation extensive**	subjectivisme empirisme autonomie distinction singularisation marginalisation individualisme anarchie **Hétérogénéisation**

La découverte d'une quatrième matière psychique et de sa structuration énergétique particulière apparaît ainsi confirmée par l'observation et la description de l'expérience psychique dans ses caractéristiques les plus essentielles. Il me semble donc avoir établi l'intérêt des idées d'antagonisme extensif et de résistance basse pour définir la matière psychique comme quatrième matière.

Il me faut cependant répondre ici, à ce stade de l'argumentation, à une possible question critique : on pourrait reprocher qu'il n'a pas été clairement défini ce qu'on appelle « une force » dans le cas particulier du domaine psychique ; ou encore demander si l'on considère que la notion de force est équivalente dans les quatre matières, notamment si l'on cherche à comparer le champ des sciences physiques et le champ des sciences humaines. Par exemple, lorsque l'on parle des forces d'attraction et de répulsion dans l'atome, et des forces de l'amour et de la haine dans la psyché, parle-t-on de la même chose ?

Dans la perspective de la logique de l'antagonisme, oui : pour Lupasco, à partir de la physique relativiste (Einstein), matière, énergie et force sont une même « chose », sont irréductiblement co-constitutifs d'un existant (processus, phénomène, système). La seule « condition logique » posée par Lupasco est qu'une force n'existe que relativement, contradictoirement, à une force contraire.

Une fois ce principe fondamental posé, on peut noter des similitudes et des différences dans l'identification et la qualification des forces en jeu dans chacune des matières :

– Si la notion de force est encore discutée, de façon fine, en sciences physiques, il est communément admis qu'une force est liée à une énergie qui met un objet en mouvement ou qui modifie son mouvement. Peut-on dire que cela s'applique en sciences humaines ? Je dirais qu'avec les émotions, les pulsions, les raisons, les motivations, les actions et réactions, etc., se retrouve l'idée générale de mise en mouvement ou de modification du mouvement, d'un sujet ou d'un « objet[31] », et donc l'idée de force. La psychologie développementale, par exemple avec Vygotski, soutient notamment cela.

– Dans le champ de la physique, nous savons qu'il existe quatre forces fondamentales : la force gravitationnelle, la force électromagnétique, la force nucléaire forte, la force nucléaire faible. Il serait tentant de décrire des forces fondamentales pour le champ des sciences humaines : forces individuelles, forces sociales, forces subjectives, forces objectives. Mais il s'agit d'être attentif : on vient de voir que la matière psychique possède ses caractéristiques propres, et notamment l'ambivalence ; ainsi, la distinction stricte de forces fondamentales, comme cela est le cas en physique, est sujette à caution en sciences humaines. De plus, une autre particularité essentielle en sciences humaines est que les forces ne sont pas mesurables : on les identifie essentiellement par leurs effets qualitatifs – mais aussi en fonction des interprétations disciplinaires, théorico-cliniques. Voilà donc deux différences qui caractérisent les forces dans la matière psychique, mais sans que cela remette en cause la logique de l'antagonisme et l'idée de « matière-énergie ».

Amenons une autre précision relativement à ce problème de force. On se souvient que Lupasco distingue les états contraires des forces contradictoires : la couleur blanche et la noire sont contraires, mais ne sont pas contradictoires, donc ne donnent pas lieu à un antagonisme. De la même manière, nous dirons que l'individu et le social ne sont pas contradictoires, bien qu'ils puissent être vus comme des états contraires ; autrement dit, il n'y a pas l'individu compris comme une force qui serait en relation contradictoire à la société comprise comme une force contraire. En réalité, comme l'indique Elias, les individus forment une société des individus[32].

---

[31] Au sens que lui donne la psychanalyse, notamment dans la théorie de la relation d'objet ; par exemple le sein de la mère est considéré comme un objet primordial pour le bébé.

[32] Norbert Elias, *La société des individus*, éditions Pocket, 1998.

Si l'on pensait l'individu et le social en termes de deux forces entretenant une relation contradictoire, cela impliquerait une dynamique, exclusive, où le social s'actualise quand l'individu se potentialise, et inversement. Or la clinique, tant psychologique que sociologique, ne montre pas cela. Il faut donc, à l'instar de Lupasco, distinguer ce qui relève d'un état et ce qui relève de forces. La complexité du rapport entre l'individu et la société, qui est constatée par chacun, provient de la mise en jeu d'un ensemble de forces qui se réalisent relativement à l'individu et au social : certaines forces sont synergiques (sublimation individuelle et civilisation sociale), d'autres sont antagonistes (fantasmation individuelle et répression sociale). On rappelle cependant, encore une fois, avec Lupasco, le principe selon lequel une force n'est jamais isolée en tant que telle : elle est toujours liée, dans une relation contradictoire, à une force contraire (à la sublimation est liée une force contraire de désublimation répressive[33]).

Ceci étant dit, il conviendrait de tirer de cette révision de la théorie de l'antagonisme de Lupasco un certain nombre de conséquences relativement aux théories existantes qui ont pour champ d'investigation la vie de l'être humain en général, tant en matière de psychosociologie de la vie quotidienne que de psychosociopathologie. Il s'agirait, à la fois, de mettre à jour la dynamique de symétrisation contradictoire extensive qui est la caractéristique fondamentale du système psychique, de repérer les directions théoriques allant dans un sens continuiste ou discontinuiste, homogène ou hétérogène, et de chercher alors, dans la clinique et l'expérience, les dimensions occultées, potentialisées. Un tel travail de recherche comparative dépasse largement le cadre de ce texte[34].

---

[33] Herbert Marcuse, *L'homme unidimensionnel*, éditions de Minuit, 1968. Dejours, par exemple, montre bien, dans le cadre de la psychodynamique du travail, l'existence essentielle de processus de sublimation chez les travailleurs, processus qui peuvent être empêchés par des organisations de travail dites « anti-sublimatoires » : Christophe Dejours, *Situations du travail*, éditions PUF, 2016.

[34] J'ai cherché à articuler la logique de l'antagonisme, et les catégories d'actualisation, potentialisation, homogénéisation, hétérogénéisation, symétrisation

Il m'a paru intéressant ici de chercher à développer les conséquences d'une telle révision relativement à la systémologie élaborée par Lupasco ; autrement dit de chercher à répondre à la question : qu'est-ce que cette découverte d'une quatrième matière change en termes de systémologie ?

avec les différents types, dimensions et dynamiques de l'expérience dans la seconde version de mon livre sur l'expérience.

Développements

Une question particulière mérite d'être étudiée : à partir de la version révisée de la logique de l'antagonisme qui est proposée ci-dessus, n'est-il pas alors pertinent, compte tenu du problème du « passage » d'un système orthodialectique à un autre, c'est-à-dire d'une matière à une autre, d'envisager l'idée logique d'une cinquième matière ?

Dans la théorie de Lupasco, la systémologie est d'une certaine façon close puisque se limitant à trois orthodialectiques : la matière psychique boucle la boucle en étant considérée comme origine et fin du métasystème Univers dans lequel nous vivons – mais il faudrait prendre en compte le fait que cet Univers est tendanciellement physique c'est-à-dire homogénéisant. Or l'abduction d'une quatrième matière à dynamisme symétrique extensif dans la théorie révisée permet de supputer le passage vers une cinquième matière à dynamisme homogénéisant, et même vers une sixième matière à dynamisme hétérogénéisant – cinquième et sixième matières à résistance basse, puisque prenant leur assise sur la matière psychique.

Nous aurions donc en jeu deux métasystèmes : un premier métasystème de matières à résistance haute, comprenant le quantique, le physique et le biologique ; un second métasystème de matières à résistance basse, comprenant le psychique – et éventuellement deux autres matières à définir, à rechercher.

Ce que l'on peut visualiser ainsi :

Systèmes énergétiques	Antagonisme symétrique	Asymétrie homogénéisante	Asymétrie hétérogénéisante
Matière à résistance haute (intensif)	Microphysique	Macrophysique	Biologique
Matière à résistance basse (extensif)	Psychique	?	?

Mais, avant de nous lancer dans une telle investigation, il nous faut préciser plusieurs choses :

– Que rien n'implique que ces autres matières existent déjà.

– Que rien n'implique qu'elles existeront un jour ; cela dépendrait des multiples conditions d'interactions systémiques permettant une nouvelle orthodialectique.

– Que rien n'implique *a priori*, pour le second métasystème, un ordre de succession déterminé, qui ferait que le système homogénéisant « passerait » avant le système hétérogénéisant.

– Qu'il ne faut pas oublier l'idée de paradialectiques avancée par Lupasco (Lupasco parle de dynamique immatérialisante, mais on peut préférer le terme de *paramatières* relativement aux quatre *orthomatières* que sont le quantique, le physique, le biologique et le psychique).

Ceci étant dit, on peut faire une recension de candidats possibles. Nous avons trouvé plusieurs pistes : deux plutôt évidentes, une plutôt surprenante : le langage ; le social ; le numérique.

Il s'agit maintenant, d'une part de définir les caractéristiques systémologiques énergétiques de chacun de ces candidats potentiels (antagonismes d'actualisation et de potentialisation, tendances d'homogénéisation, d'hétérogénéisation ou de symétrisation, résistance haute ou basse), d'autre part de déterminer leur dimension orthodialectique ou paradialectique.

A/ Le langage

On peut dire que le langage est une matière, au sens où le pose Lupasco : d'une part du fait qu'on y trouve de l'antagonisme, notamment si l'on se réfère à l'antagonisme proposé par Vygotski entre la signification (convention sociale) et le sens (définition subjective), ou celui proposé par Lacan entre le signifié (conscient) et le signifiant (inconscient), ou encore entre le métaphorique et le métonymique, le symbolique ou l'imaginaire ; d'autre part du fait que nous avons bien un phénomène qui oppose une certaine résistance : que l'on pense à l'apprentissage de la langue, notamment s'il s'agit d'une langue « étrangère » ; que l'on pense à l'épaisseur (symbolique, affective) que certains mots ou propos ont pour nous.

Nous avancerons ensuite qu'il s'agit d'une matière à résistance basse, du fait (comme le note d'ailleurs Lupasco à propos du psychique) de son caractère « immatériel » ; Pommier parle de la fonction extracorporelle du langage. Certes, il y a une matérialité au moins sonore ; mais il faut surtout noter la dimension polysémique comme caractéristique proprement extensive du langage : sens symbolique et imaginaire, manifeste et latent, sens multiple (un ami m'a indiqué qu'en arabe, il y a une vingtaine de façons de dire le mot cheval, en fonction de la situation et de la désignation).

Une confirmation clinique du fait qu'il s'agit d'une matière à résistance basse nous est aussi donnée, indirectement, par Morin[35] lorsqu'il indique (à partir de la théorie de l'information) que le langage s'apparente à *une opération d'information maximale pour une énergie minimale*.

[35] Morin, *Le paradigme perdu*, *op. cit.*

Comme on le sait, la caractéristique majeure du langage humain est d'être référentielle (l'autre caractéristique importante, la dimension symbolique étant une situation particulière de référentialité puisqu'elle implique une situation de désignation langagière alors que la chose à laquelle on se réfère est, à ce moment-là, absente[36]). Or, cette référentialité du langage est homogénéisante : elle découpe dans le réel une signification relativement identifiée et identifiable, sans quoi personne ne pourrait se comprendre ; ce qui implique la fonction rationalisante du langage. Le langage homogénéise le réel (sa complexité, son énigme). Ricœur a bien vu cela lorsqu'il indique, dans sa théorie narratologique, que le travail de narration, qui permet à chacun de se construire en mettant en intrigue son histoire, a pour but de *rendre homogène un vécu qui apparaît hétérogène*. Et l'on peut avancer l'idée que la fonction homogénéisante du langage a été une détermination essentielle du processus d'humanisation tel que nous le connaissons.

Mais il y a aussi, à l'évidence, dans le langage des forces d'hétérogénéisation, qui se manifestent par le biais de l'évolution complexe du langage lui-même, produisant une grande diversité de significations et d'interactions entre ces significations, entraînant les multiples ambiguïtés du langage, ceci à travers les différentes fonctions, formes et usages du langage.

On peut donc relever des forces antagonistes homogénéisantes et hétérogénéisantes dans le langage. Lacan pensait qu'il y a chez l'être humain une conflictualité permanente entre dimension symbolique (source d'ordre) et dimension imaginaire (source de confusion). Je dirais alors que si la dimension symbolique représente le mieux le caractère homogénéisant du langage, la dimension imaginaire représente le mieux le caractère hétérogénéisant du langage.

Mais, de quoi parle-t-on ici ? Parle-t-on d'une conflictualité interne au langage lui-même, ou d'une conflictualité inhérente au psychique, qui se fait entendre dans le langage ? Autrement dit,

---

[36] Ce qui est une différence significative avec le langage animal.

faut-il différencier ce qui serait la matière linguistique de la matière psychique ? Il est nécessaire d'avoir une discussion à ce sujet pour décider ou non du caractère orthodialectique du langage.

On dira *a priori* que le langage n'est en réalité qu'un support pour la pensée, donc un support pour les forces homogénéisantes ou hétérogénéisantes de la matière psychique, qui naissent dans la matière psychique, et non dans le langage lui-même. Il faudrait en conclure que le langage est une paramatière qui prolonge l'orthomatière psychique.

Mais la thèse de Sapir-Whorf indique que le langage n'est pas qu'un support neutre, car la pensée s'énonce en fonction des structures langagières, en fonction du système sémiologique (syntaxique, sémantique, pragmatique) du langage ; on se souvient de la fameuse phrase de MacLuhan « le message, c'est le médium ». Donc le langage modèle la pensée, *oriente* les antagonismes et dynamiques du psychisme par ses propres dynamiques d'homogénéisation et d'hétérogénéisation. Par ailleurs, Vygotski[37] a montré qu'il fallait différencier le langage du psychique, le langage n'étant pas une simple extension du psychique, et inversement ; il précise que leurs ontologies sont d'ailleurs différentes ; c'est la rencontre des deux phénomènes, psychisme et langage, qui produit une pensée langagière et un langage pensé inédits chez l'être humain. Cela semble indiquer que le langage serait aussi une orthomatière, qui se trouve dans une interaction avec la matière psychique.

Amenons d'autres arguments pour tenter de départager ces deux positions.

La théorie lacanienne du langage amène, entre autres, deux idées importantes. D'une part, l'idée que l'inconscient est structuré

[37] Vygotski, *Pensée et langage*, éditions La Dispute, 2003, 3e édition.

comme un langage[38], et l'idée concomitante que le langage est la condition de l'inconscient – car l'inconscient est le produit du refoulement, qui se réalise sur des représentations, c'est-à-dire sur des éléments de langage. Ce qui implique, dans une perspective systémologique, qu'il y a identification entre psychisme et langage. Mais, d'autre part, Lacan précise cette première idée par un renversement épistémologique qu'il propose à partir de la théorie linguistique de Saussure.

Saussure $\dfrac{\text{signifiant}}{\text{signifié}}$ Lacan $\dfrac{\text{signifié}}{\text{signifiant}}$

Pour Saussure, la signification d'un mot se déduit du rapport entre un signifié (le sens) et son signifiant (le son), ce qui se traduit par la formule : Signifiant/Signifié ; le signifiant est au-dessus du rapport, car il est la partie « visible », sonore du mot ; le signifié est en dessous du rapport, car il est la partie « invisible » du mot, ce qui donne en réalité le sens au mot, ce qui diffuse le sens dans le son du mot, produisant ainsi une signification. Le son table n'a pas en soi de signification, il est, selon Saussure, arbitraire.

Lacan reprend cette formulation de Saussure, mais en l'inversant : Signifié/Signifiant. Pour Lacan, le signifiant (trace mnésique du mot) n'est pas neutre, c'est lui qui, par le jeu des interactions avec les autres signifiants qui peuplent le conscient et l'inconscient, donne un sens particulier, subjectif, qui va au-delà de la signification objective du signifié ; ce qui explique la possibilité de la singularité de sens d'un mot pour un sujet (individuel ou collectif) en particulier.

---

[38] Joël Dor, *Introduction à la lecture de Lacan*, tome 1, *l'inconscient structuré comme un langage*, collection espace analytique, éditions Denoël, 1985.

On comprend ici en quoi le langage est lié intimement au psychisme : c'est le traitement psychique qui donne toute sa matérialité au langage ; sans la matérialité psychique, le langage ne serait en réalité que du signal – ce que montre l'éthologie[39] concernant le « langage » animal ; d'ailleurs, il est noté que plus le système neuropsychique est évolué chez les animaux supérieurs, plus le langage animal sort de sa dimension de signal pour évoluer, relativement, vers un langage de type humain, exprimant une certaine pensée.

Mais, à l'instar de Pommier, on comprend aussi que le psychisme est lié intimement au langage ; sans la matérialité du langage, le psychique ne serait que du bruit intérieur ; car c'est le langage, dans sa matérialité sonore et sa fonction « extracorporelle », qui modèle le corps de l'enfant, et notamment permet la maturation de son appareil neuronal, donc psychique[40].

C'est pourquoi nous pouvons conclure de cette discussion qu'il faut non pas parler du langage comme d'une paramatière en interaction avec la matière psychique ni même parler d'une matière langagière qui serait indépendante, bien qu'en interaction avec la matière psychique, mais parler d'un système psycholinguistique, d'une *matière psycholinguistique*, symétrique et à résistance basse.

B/ Le social

La résistance du social, qui lui donne sa matérialité, apparaît depuis les débuts du processus de civilisation, à travers ses constructions d'une part, ses déterminations sur l'individu d'autre part. L'antagonisme se trouvant dans le phénomène social entre forces

---

[39] Jean-Luc Renck & Véronique Servais, *L'éthologie : Histoire naturelle du comportement*, collection « Points Sciences », éditions du Seuil.
[40] Gérard Pommier, *Comment les neurosciences démontrent la psychanalyse*, collection « Champs essais », éditions Flammarion, 2010.

de coopération et d'instrumentalisation, d'émancipation et d'aliénation, etc.

La dimension sociologique désigne, classiquement, le fait d'une certaine communauté, c'est-à-dire d'une certaine interaction et d'un certain partage, de pratiques, de représentations et de discours entre des individus ; il y a à la fois une identification des individus à leur groupe social (d'appartenance ou de référence), et une identification par le groupe social des individus qui en font partie et ceux qui n'en font pas partie ; dans ce dernier sens, l'altérité participe à définir l'identité du groupe social. On saisit dès lors, à partir de cette simple définition, la dynamique homogénéisante de la dimension sociologique ; elle cherche à établir des règles qui vaillent pour tous ceux qui la composent.

Mais nous avons en réalité à la fois des règles de domination et de normalisation, donc d'homogénéisation, et des dynamiques de distinction (Bourdieu) et de marginalisation (Morin), donc d'hétérogénéisation, créant une grande diversité de sous-groupes d'individus, comme des cultures ou des « sous-cultures », des castes ou des classes. Le courant sociologique de l'analyse institutionnelle a montré une dynamique d'homogénéisation et d'hétérogénéisation à l'œuvre dans l'institutionnalisation du social : en parlant du processus continuel d'institutionnalisation de l'instituant en institué[41], il est indiqué que l'instituant correspond à la phase d'hétérogénéisation, celle où du nouveau se crée ou est créé dans la sphère sociale, du fait des multiples enjeux sociohistoriques ; puis, un phénomène d'institutionnalisation de l'instituant, c'est-à-dire d'homogénéisation, s'active ou est activé, du fait des multiples conditionnements sociohistoriques, produisant de l'institué ; qui à son tour sera l'objet de nouvelles dynamiques instituantes, hétérogénéisantes.

---

[41] Remi Hess & Antoine Savoye, *L'analyse institutionnelle*, collection « Que sais-je », éditions PUF, 1993, 2e édition refondue.

Mais le social serait-il une orthomatière, la matière sociologique ?

Disons sans attendre que la dimension sociologique me semble devoir être à rapprocher de la dimension linguistique. En paraphrasant Castoriadis[42], je dirais non pas qu'il y a une « Institution imaginaire de la société », mais une « institution langagière de la société ». Ce n'est pas tant le fait d'avoir imaginé la société humaine qui l'a produite, que le fait de l'avoir signifiée par le langage. C'est donc l'acte de langage qui a institué la société humaine, qui a institué la pratique sociale (qui existait déjà chez les primatiques) en tant qu'institution sociale. Bien entendu, la pratique sociale en elle-même est une donnée importante du social, mais c'est le discours social qui est tenu sur cette pratique sociale qui l'institue en tant que société, chez l'être humain. Autrement dit c'est la matérialité du langage qui donne sa matérialité au social humain ; sans la matérialité du langage (du système psycholinguistique), le social ne serait qu'interactions immédiates (sans médiation) ou conditionnées (surmédiatisées) : un social sans histoire c'est-à-dire sans suite ou se répétant éternellement (sauf intervention climatologique ou génétique) – d'où l'insistance de Castoriadis à parler de social-historique ; mais il y a de l'historique parce qu'il y a du langagier.

Par ailleurs, nous avons vu qu'il y a à la fois dans le langage (du système psycholinguistique) des forces symboliques homogénéisantes et des forces imaginaires hétérogénéisantes : si l'imaginaire produit le mythologique (comme explication diversifiante d'une singularité sociale[43]), le symbolique produit l'institution (comme

[42] Cornelius Castoriadis, *L'institution imaginaire de la société*, collection « Points Essais », édition du Seuil, 1999.

[43] Cette production imaginaire concerne les idéologies sociales, culturelles, politiques ; mais elle concerne aussi l'idée de « mythe personnel » proposée par MacAdams au niveau individuel : dans Francis Lesourd, *L'homme en transition. Éducation et tournants de vie*, collection « Éducation », éditions Economica, 2008.

explication identifiante d'un ordre social qui légitime le « fait social[44] » lui-même).

Notons aussi que Vygotski, dans une perspective dite socioconstructiviste, indique que le langage est social, qu'il se construit dans, à partir de et à travers le social ; cette indication permet de dire que c'est la matérialité du social qui donne sa matérialité au langage humain ; sans la matérialité du social, le langage ne serait qu'interlocution absolument relative (sans la référence sociale, c'est-à-dire sans référence commune instituée, il n'y aurait que du sens subjectif, sans possibilité de signification sociohistorique partagée).

Ainsi, nous retrouvons la même structure de conclusion que précédemment : il n'y a pas une paramatière sociologique en interaction avec le système psycholinguistique, ni une orthomatière sociologique, mais une orthomatière qu'il faut désormais appeler psycho-socio-linguistique.

Matière psycho-socio-linguistique qui est donc à symétrie extensive et à résistance basse. C'est l'occasion de préciser ici que l'expression de résistance basse ne signifie pas une inconsistance quant à son interaction avec le réel (le métasystème) : chacune des quatre matières possède sa singularité d'interaction avec le réel, possède son efficacité propre.

On peut ajouter que le fait qu'une matière apparaisse composite n'exclut pas le fait que chacune de ces composantes joue un rôle spécifique dans cette orthomatière ; autrement on peut dire qu'il y a une fonction et une expérience psychologique, sociologique et linguistique qui peut être relativement distinguée – mais tout en suivant une orientation orthodialectique qui est celle de la symétrie extensive. Il en est d'ailleurs ainsi de la matière atomique qui est composée principalement de neutrons, protons et électrons, qui

[44] Expression de Mauss.

chacun donnent des propriétés spécifiques à l'atome et aux interactions atomiques, dans une orientation orthodialectique macrophysique homogénéisante.

*

Faisons ici une parenthèse : on peut préciser que la construction d'une matière psycho-socio-linguistique se réalise dans une dynamique qui est *temporelle ;* elle est le produit processuel (et probabilitaire, car rien n'est écrit d'avance) d'*une série d'interactions et de transformations* entre les différents composants de la matière psycho-socio-linguistique (qui est elle-même en interaction avec les autres matières). Car de la matière quantique à la matière psycho-socio-linguistique, il y a bien un processus de transformations, donc une temporalité.

Quelle est donc, synthétiquement, l'histoire de ce processus de construction des matières ?

Si l'on se réfère à la théorie du big-bang, on ne peut dire depuis quand date le monde quantique (à cause de « l'horizon de Planck » qui empêche de voir son origine), mais la théorie du *big crunch* permet d'envisager une durée de plusieurs dizaines de milliards d'années, voire plus. Le monde macrophysique date d'environ 7 milliards d'années ; le monde biologique d'environ 2 milliards d'années ; la socialité d'environ 66 millions d'années (avec le grégarisme chez les mammifères[45]) ; la neurocérébralisation d'environ 7 millions d'années (si l'on prend l'homme de Toumaï comme référence) ; le langage est daté entre 2 millions d'années et 300 000 ans (la plupart des spécialistes envisagent l'apparition du langage en deux étapes : une première phase de langage primitif

---

[45] Selon l'article de Wikipédia sur la socialité : https://fr.wikipedia.org/wiki/Socialit%C3%A9 - Chez_les_invert%C3%A9br%C3%A9s

ou protolangage parlé par l'Homo erectus, suivie par une deuxième phase de langage complexe avec Homo sapiens[46]).

On comprend donc que la construction de la matière psycho-socio-linguistique ne s'est pas réalisée en un bloc temporel. Dans cette longue séquence temporelle, la socialité apparaît comme une condition de fond de la cérébralisation (plus exactement de l'encéphalisation), qui elle-même apparaît comme une condition du langage ; qui lui-même a été la condition décisive pour la constitution orthodialectique de la matière psycho-socio-linguistique. Le travail de synthèse de Dortier quant aux « origines de la pensée, du langage et de la culture » apporte des éléments, liés à différentes recherches, qui apparaissent confirmer cette thèse.

Ce que l'on peut représenter ainsi :

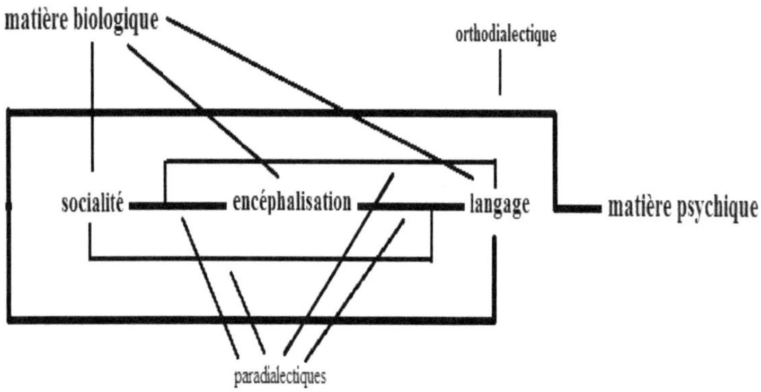

[46] Jean-François Dortier, *L'Homme, cet étrange animal. Aux origines de la pensée, du langage et de la culture*, éditions Sciences humaines, 2004 ; cependant, des travaux récents suggèrent que le langage serait moins ancien que cela, et indique une période située autour de – 100 000 ans.

On peut préciser dans ce schéma que la socialité correspond à une tendance paradialectique homogénéisante (ritualisation) ; l'encéphalisation à une tendance paradialectique hétérogénéisante (imagination) ; et que le langage, phase décisive qui entraînera le « bouclage » d'une orthodialectique produisant la matière psychique (psycho-socio-linguistique), correspond à une tendance de symétrisation (métaphorisation/métonymisation[47]). On y voit aussi, rapidement tracées, les inductions et interactions paradialectiques de la matière biologique avec les trois composants, qui participent de la construction de la matière psychique.

On reprochera peut-être son caractère trop linéaire à cette histoire de la matière psycho-socio-linguistique ; notamment si l'on se réfère à Morin et à sa thèse d'un système polycentrique de co-émergence et de co-systématisation du psychique, du langage et du social, en co-interaction avec l'écologique et le biologique. Mais le fait est qu'il y a bien une temporalité linéaire relativement à l'émergence et à la construction des quatre matières (microphysique, macrophysique, biologique, psycho-socio-linguistique), et cela nous incite à penser que cela serait aussi le cas pour les composants de la matière psycho-socio-linguistique.

Mais la raison de fond est que ce mouvement temporel se justifie par la théorie même de l'énergie-matière selon Lupasco : à savoir la transformation, du fait du jeu des antagonismes énergétiques, d'un système énergétique en un autre système énergétique ; transformation dont Lupasco précise qu'elle ne se réalise pas en un instant, elle suppose toute une série de transformations intermédiaires, paradialectiques, de la matière-énergie, notamment en passant par l'interaction de différentes paramatières ; à un moment donné, selon les conditions, un ensemble d'interactions se systématise et produit, rarement on l'a vu, une orthomatière. Tout cela suppose donc une temporalité – temporalité qui certes devient

[47] En suivant Lacan selon lequel le langage s'articule principalement dans l'espace ouvert par l'articulation antagoniste entre métaphore et métonymie.

complexe au fur et à mesure de l'accumulation des différentes orthomatières et paramatières, c'est-à-dire des interactions systémiques multiples. Dans cette perspective, il a donc fallu l'émergence temporalisée et l'interaction temporalisée de différentes paramatières (sociologique, neuropsychique, linguistique) pour réunir les conditions probabilitaires d'une systématisation engendrant une nouvelle orthomatière psycho-socio-linguistique, à symétrisation extensive.

Autrement dit, nous sommes dans une systémologie ouverte à la divergence du futur, à la discontinuité matérielle ; la continuité matérielle étant le fait de la logique de l'antagonisme elle-même.

C/ Le numérique

La réflexion précédente sur le processus temporel ouvert de la construction des matières m'a amené à porter mon attention sur l'existence d'une paramatière susceptible de produire, à terme, une nouvelle et cinquième orthomatière. Nous entrons là dans un registre qui est spéculatif, bien que tentant de rester branché à l'expérience. Il m'est apparu que l'informatique, avec la cybernétique, le codage numérique, la réalité virtuelle et l'intelligence artificielle, pouvait être à l'origine d'une matière informatique, ou plus exactement matière numérique.

D'abord, il apparaît dans le numérique des tendances homogénéisante et hétérogénéisante.

La tendance homogénéisante de la matière numérique se manifeste par son codage binaire, qui réduit tout phénomène à une série complexe de 0 et de 1 : ce qui convient parfaitement pour des calculs mathématiques ou statistiques ; mais que dire lorsqu'il s'agit de traduire des phénomènes comme les comportements ou les sentiments, qui comportent toujours une part subjective (donc hétérogénéisante) ? Ce problème reconnu de la tendance homogénéisante du codage binaire a fait dire à certains auteurs le danger que représentait le langage numérique en tant que forme de réification de la pensée[48].

La tendance hétérogénéisante se trouve aussi dans le codage binaire, dans sa capacité, selon ses promoteurs, à s'adapter à de multiples situations, et même à pouvoir en générer de nouvelles, inédites, comme la réalité virtuelle ou l'intelligence artificielle, et bien d'autres, nous dit-on. D'ailleurs, beaucoup d'auteurs ont comparé la logique créative du code numérique avec la logique créative du code génétique : à partir de seulement quatre nucléotides, le vivant a produit une grande diversité de molécules, ce qui est la marque de l'orthodialectique hétérogénéisante du biologique ; il en serait de même pour le code numérique, qui fonctionne avec seulement deux nombres, le 0 et le 1.

Il apparaît difficile de dire laquelle de ces deux tendances l'emporte globalement ; aussi, on se contentera de faire l'hypothèse qu'il y a une dynamique symétrique.

Ensuite, on peut avancer que la résistance de la matière numérique provient de la puissance (empiriquement constatée) du codage binaire à réaliser des calculs d'une complexité dépassant de plus en plus largement les capacités cognitives humaines.

Cependant, une question demeure : si l'on perçoit les tendances homogénéisante et hétérogénéisante de la matière numérique, où voit-on les forces contraires, et le jeu dynamique d'actualisation et de potentialisation de ces forces, qui définissent une matière comme système énergétique ?

---

[48] Céline Lafontaine, *L'empire cybernétique : des machines à penser à la pensée machine,* collection « Essai », éditions du Seuil, 2004.

La réponse à cette question est loin d'être évidente ; je propose au lecteur de faire une expérience de pensée : considérer le numérique comme une orthomatière, pour en tirer des conséquences permettant de valider ou d'invalider cette hypothèse.

Si donc le numérique est une matière, quelles seraient les caractéristiques systémologiques de cette matière numérique, relativement à la question de la résistance ?

En m'intéressant à ce qu'est fondamentalement le numérique, il m'a semblé qu'on pouvait définir la résistance de la matière numérique par sa *dynamique intermittente.*

En effet, le langage numérique repose sur le codage binaire, c'est-à-dire une série de 0 ou de 1 ; le 0 signifie la fermeture du circuit (à un endroit précis et à un moment précis du circuit global), le 1 signifie l'ouverture du circuit (*idem*) ; on connaît le « langage[49] » de base de la procédure algorithmique : si 0 alors A, ou si 1 alors B. Puis l'opération est réitérée autant de fois que nécessaire, selon la programmation. Autrement dit, d'un point de vue systémologique, il y a une alternance ou une intermittence entre actualisation et potentialisation : quand le 0 est actualisé (ouvert), le 1 est donc potentialisé (fermé) ; et inversement. Il faut noter que l'actualisation comme la potentialisation est absolue : le 1 potentialisé n'est pas agissant sur le 0 actualisé, et inversement.

Nous sommes donc très éloignés, systémologiquement parlant, de la situation de symétrie extensive du psychique où l'actuel et le potentiel coexistent de façon ambivalente ; l'intermittence de la matière numérique signifie que l'actuel (ouvert) et le potentiel (fermé) coexistent, mais de façon alternée : pour qu'il y ait ouverture de l'un il faut qu'il y ait fermeture de l'autre, et cela de façon

[49] Pour Herrenschmidt, il ne s'agit pas à proprement parler d'un langage (qui contient toujours dans sa constitution une théorie sur son origine), mais d'un code : Clarisse Herrenschmidt, *Les trois écritures : langue, nombre, code*, éditions Gallimard, 2007.

répétée, autant que nécessaire. C'est d'ailleurs cette alternance répétée de l'actualisation et de la potentialisation qui fait la force du calcul numérique : au jeu d'échecs, le champion va certes actualiser par l'esprit un grand nombre de possibilités, mais il va aussi potentialiser, volontairement ou involontairement, un certain nombre de coups à jouer ; tandis que l'intelligence artificielle va étudier tous les coups possibles, grâce à l'opération de répétition-alternation de toutes les actualisations-potentialisations possibles.

L'intermittence, l'alternativité supprime le problème de l'ambivalence psychique, qui induit de l'ambiguïté et qui est source d'erreur pour une évaluation qui se voudrait absolument objective. Un individu peut dire que quelque chose est vrai, tout en pensant en son for intérieur que cela est faux ; le doute subsiste. La machine à calculer élimine le doute, la subjectivité, l'ambivalence ; la réponse à cela est l'intermittence numérique du code binaire : si c'est vrai (ce n'est pas faux) alors, si c'est faux (ce n'est pas vrai) alors, et ainsi de suite jusqu'à ce que toutes les chaînes de vrais et de faux soient épuisées.

Il y a donc bien des forces contradictoires dans la matière numérique, mais qui sont en fait simplement au nombre de deux : une force d'actualisation complète d'un des deux nombres (0 ou 1), et une force de potentialisation complète de l'autre nombre.

Par conséquent, on peut confirmer que le langage numérique est une matière spécifique (qui se distingue donc, au moins paradialectiquement, de la matière psycho-socio-linguistique), qui relève d'une dynamique intermittente, et *a priori* symétrique.

On peut alors préciser la différence essentielle avec la symétrie intensive de la matière quantique et la symétrie extensive de la matière psychique, à l'aide d'un schéma :

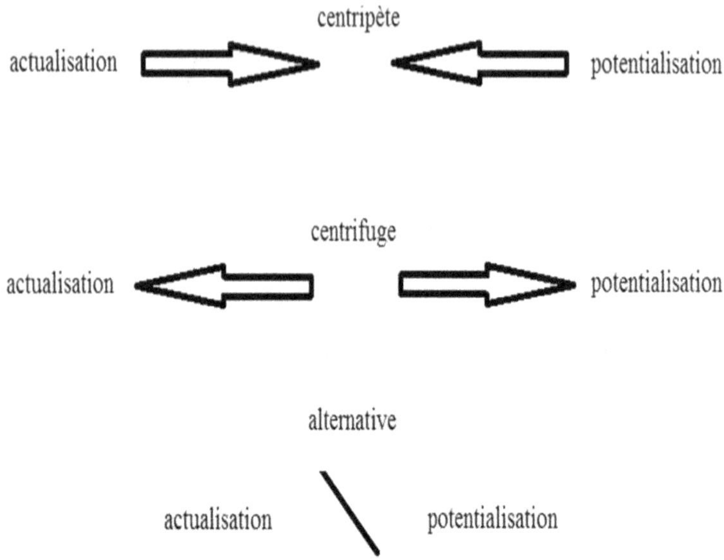

On l'a vu, dans le premier métasystème (quantique, atomique, biologique), la symétrie est centripète (intensive) ; dans le deuxième métasystème (psycho-socio-linguistique) la symétrie est centrifuge (extensive) ; dans la situation numérique, la symétrie (supposée) est intermittente (alternative).

Mais, question spéculativement cruciale, la matière numérique est-elle une paramatière ou *déjà* une nouvelle orthomatière ? On rappelle qu'elle serait une orthomatière s'il était montré que sa systématisation dynamique se faisait indépendamment des autres matières (le quantique a une dynamique symétrique intensive indépendamment du fait que l'atomique a une dynamique homogénéisante – ce qui ne veut pas dire qu'il n'y a pas d'interaction).

Je dirais qu'*en l'état actuel* la matière numérique n'est pas indépendante : son orientation dépend (encore) du système psycho-socio-linguistique. La dépendance concerne le fait que c'est l'être humain (notamment en tant que système psycho-socio-linguistique) qui programme la matière numérique, qui donc l'*oriente* ; cela peut être pour des tâches à tendance symétriques, homogénéisantes ou hétérogénéisante, mais cette orientation ne vient pas, *actuellement*, d'une *dynamique tendancielle interne à la matière.*

En conclusion provisoire, on dira donc que le langage numérique est une paramatière, dont la caractéristique essentielle est d'être dépendante dans son orientation dialectique de la matière psycho-socio-linguistique. Elle peut être tout aussi bien symétrique, homogénéisante ou hétérogénéisante, cela dépendant de l'usage qu'on en fait (ce qui est en général le cas pour les objets et artefacts fabriqués par l'être humain).

Peut-on cependant conjecturer une évolution orthomatérialisante de la paramatière numérique ?

Si l'on suit la thèse posthumaniste de la singularité (l'intelligence artificielle développant sa propre conscience et s'émancipant de l'être humain, voire le remplaçant), on comprend qu'il y a des individus pour l'imaginer. L'idée principale serait que c'est l'IA qui s'autoprogrammerait, autrement dit l'orientation algorithmique serait produite, décidée par… un algorithme, et non plus par la matière psycho-socio-linguistique (c'est déjà le cas avec ce que les informaticiens appellent les automates cellulaires).

Essayons alors d'évaluer l'orientation systémique (symétrique, homogénéisante ou hétérogénéisante) que prendrait cette orthomatière numérique.

On considérera que la littérature de science-fiction peut nous aider, comme expérience de pensée, à nous en faire une idée[50]. Dans « La cité des permutants[51] », Greg Egan imagine trois configurations possibles de « l'humanité » qui serait amenée à « vivre » dans un monde numérique entièrement indépendant du monde physique auquel nous nous référons habituellement pour parler d'existence :

– une configuration que j'appelle « pathologique », où les individus (entités numériques) s'enferment entièrement et définitivement dans leur propre monde créé ; l'hétérogénéisation est maximale conduisant à une dispersion totale des individus de ce nouvel Univers, dynamitant l'idée de socialité, exacerbant celle de subjectivité.

– une configuration que j'appelle « normale », où les individus, gardant un fondement algorithmique d'humanité, cherchent à construire le meilleur des mondes numériques possibles, éventuellement en passant des compromis avec d'autres, quitte à se modifier soi-même pour permettre cela ; une symétrisation est donc à l'œuvre, mais l'individu peut choisir à tout moment de s'en exclure, puis d'y revenir, après modification d'une partie du monde ou de son individualité.

– une configuration que j'appelle « étrange », où les individus se débarrassent définitivement de leur « reste » d'humanité pour devenir des « Témoins » : sortes d'intelligences numériques qui se contentent d'enregistrer et de computer tout ce qui se passe dans cet Univers virtuel, sans jamais interagir ou intervenir ; on serait là

[50] En s'appuyant notamment sur Anne Barrère & Danilo Martuccelli, *Le roman comme laboratoire. De la connaissance littéraire à l'imagination sociologique*, éditions Presses universitaires du Septentrion, 1995 ; lire aussi Christian Grenier, *La science-fiction, lectures d'avenir ?* collection « Littérature Jeu », éditions PU Nancy, 1994 ; Fredric Jameson, *Penser avec la science-fiction*, collection « L'inconnu », éditions Max Milo, 2008.
[51] Greg Egan, *La cité des permutants*, collection « Science-fiction », éditions Le livre de poche, 1999.

dans une disposition d'homogénéisation maximale, « présentifiée » par une « activité » purement algorithmique et programmatique tenant lieu d'existence.

On s'aperçoit que les deux premières catégories d'entité restent relativement humaines : bien qu'étant des entités numériques, les individus continuent de fonctionner comme s'ils étaient humains, certains dans un registre « normal », d'autres dans un registre « pathologique » ; les deux premières catégories seraient donc liées, malgré tout, à la matière psycho-socio-linguistique. Tandis que la troisième catégorie d'entité rompt radicalement avec toute humanité pour fonctionner pleinement dans un registre strictement numérique, sans considération psycho-socio-linguistique : ce qui correspondrait à une situation d'orthomatière ; et nous avons vu que l'orientation de cette troisième catégorie est une tendance homogénéisante.

Par ailleurs, il faut préciser un point essentiel : du fait des propriétés spécifiques de la matière numérique, un « individu » peut changer, *à volonté*, d'individualité, ou plutôt de registre d'existence. Ce fait, lié donc à la systémologie intrinsèque du numérique, marque une rupture fondamentale d'avec l'individualité psychobiologique humaine, qui ne peut changer à volonté de structure de personnalité (mais adapter, plus ou moins, sa structure ou son organisation psychique à son environnement et aux situations qu'elle rencontre).

On doit ainsi en conclure que les deux premières catégories d'entité apparaissent pseudo-humaines, et sont en réalité des cas particuliers de registre pris par les entités numériques de ce monde numérique ; la matière psycho-socio-linguistique y est simulée produisant en réalité un simulacre[52] d'humanité. On peut donner l'exemple du personnage nommé Peer, qui décide de se créer un « exomental » qui va décider aléatoirement pour lui des styles de

[52] Jean Baudrillard, *Simulacres et simulation*, éditions Galilée, 1985.

vie qu'il va vivre, du fait de son immortalité numérique : ce personnage apparaît métaphoriser la nouvelle situation numérique orthodialectique, dans laquelle le mental, c'est-à-dire la matière psycho-socio-linguistique, est externalisé, délocalisé de l'individu ; il continue d'agir sur l'individu, mais indirectement, tandis que c'est désormais la matière numérique qui va conditionner l'existence de Peer – de même que le quantique et l'atomique n'agissent qu'indirectement sur les entités biologiques de notre monde.

Quant à l'orientation de la matière numérique, il faut imaginer, toujours en s'appuyant sur ce roman, qu'une entité numérique peut choisir de se figer durant une éternité, puis en un fragment de seconde, de se modifier totalement durant une nouvelle éternité ; ou qu'une autre entité choisisse de se modifier éternellement toutes les secondes ; ou encore qu'une entité se dédouble et choisisse de vivre ces deux existences à la fois ; les possibilités de configurations apparaissent sans limites. On évaluera donc qu'il y a tendanciellement autant de dynamiques d'homogénéisation, que d'hétérogénéisation et de symétrisation possibles ; en rappelant que la matière numérique a pour systémologie de fond une symétrie intermittente.

On est bien entendu en difficulté pour imaginer un tel monde ; mais de même qu'une amibe, de laquelle nous sommes issus, aurait du mal à imaginer le monde psycho-socio-linguistique qui caractérise l'humanité. Cependant, on pourrait, à partir de cette conjecture, et en se souvenant de Vigarello qui, entre autres, nous indique qu'il y a un effet important des technologies sur les comportements humains, se questionner sur « la logique intermittente » qui semble de plus en plus s'observer dans les affaires humaines et l'expérience humaine.

Conclusion

Pour conclure, je rappelle les dimensions heuristique et herméneutique que permet d'atteindre cette révision de la théorie de l'antagonisme de Lupasco :

– Une *temporalité développementale de la matière*. Cette dimension temporelle et développementale est finalement peu mise en avant dans les livres de Lupasco, alors qu'elle me semble d'importance ; car cela pose le problème (abordé par Lupasco) des conditions dynamiques de transformation d'un système énergétique en un autre, et donc de l'ouverture du système de systèmes à l'inédit (alors que Lupasco en vient à fermer la systémogénèse par bouclage du système de systèmes sur le psychique).

– Une *relation contradictoire entre continuité et discontinuité du Réel*, relation à propos de laquelle la position de Lupasco apparaît ambiguë : si la mise en exergue des trois matières place Lupasco dans une perspective discontinuiste du Réel, la similarité qu'il établit entre quantique et psychique, et la place qu'il établit du psychique au sein de toute matière, l'amène finalement à une perspective continuiste du Réel (avec l'idée d'une sorte de bouclage systémique du Réel sur lui-même). Or la révision, à partir d'une lecture développementale d'une temporalité de la matière, permet d'affirmer plus rigoureusement la relation contradictoire entre continuité et discontinuité du Réel.

– À partir de l'analyse des modes ontologiques de rapport au réel proposée par Descola, j'ai pu proposer, dans le cadre de la révision, que la logique de l'antagonisme relève fondamentalement d'un cinquième mode, appelé *mode antagoniste*, qui consiste en *une continuité du réel, mais structurée par des discontinuités*.

– La mise en évidence d'une *quatrième orthomatière psycho-socio-linguistique*, à symétrie extensive et à résistance basse, caractéristique essentielle qui répond mieux aux observations cliniques, tant au niveau social qu'individuel. Ainsi, on peut repérer dans le champ des sciences humaines non pas trois éthiques, comme le suppose Lupasco, mais quatre éthiques, à symétrie intensive, homogénéisante, hétérogénéisante, et à symétrie extensive.

*

Il s'agirait alors, dans une perspective transdisciplinaire, de développer différentes lignes de recherche à partir de l'observation et du repérage clinique et expérientiel des multiples interactions antagonistes.

Il y aurait lieu de se concentrer sur certains « secteurs » de la vie humaine, comme le fit Lupasco dans *L'homme et ses trois éthiques*, mais en corrigeant certaines explications trop mécanistes ou trop métaphysiques – d'où la nécessité de la transdisciplinarité, théorique et clinique.

On pourrait notamment approfondir les questions que pose (à l'être humain) l'émergence, récente, de la paramatière numérique, susceptible, à terme, selon certaines conjectures, de se systématiser en orthomatière.

Faut-il préciser que cette proposition théorique d'appréhension d'une réalité complexe n'est pas, comme toute proposition théorique, la réalité elle-même – bien qu'elle y participe et puisse, dans une certaine mesure, la transformer ? L'intérêt d'une logique de l'antagonisme, telle que proposée par Lupasco et révisée par moi, consiste dans la possibilité de dépasser les modes d'appréhension classiques et donc limités de la réalité – notamment le continuisme, le synthétisme et le dualisme, qui relèvent d'une logique du non-contradictoire. La logique de l'antagonisme, du contradictoire, est donc avant tout pour moi une méthodologie : méthodologie d'investigation de la complexité de la réalité énergétique de la réalité, et méthodologie d'interrogation des cadres théoriques qui cherchent à décrire cette réalité.

Par exemple, de ce point de vue, et contrairement à ce que semble penser Lupasco, la psychanalyse m'apparaît comme une « théorie clinique » qui a su avec pertinence discerner et conceptualiser la réalité humaine, notamment en prenant en compte à la fois la dimension énergétique de cette réalité (avec la théorie de la libido et de la pulsion) et la dimension contradictorielle de cette réalité (avec l'ambivalence et le clivage psychique).

La bio-énergie[53] (Lowen, 1979) suit aussi cette voie énergétique et contradictorielle, et paraît aller plus loin que la psychanalyse dans la prise en compte du corps en tant que matière-énergie (la matière biologique hétérogénéisante) – et non seulement en tant que corps psychique – en l'intégrant dans son mode de prise en charge thérapeutique. Ainsi, je ne suis pas complètement d'accord avec Pommier lorsque celui-ci paraît réduire le corps à un organe de « relai » de la commande langagière « extracorporelle » ; pour Dejours, qui articule théorie psychanalytique et théorie psychosomatique, le psychique s'étaye sur le corps[54].

La révision de la logique de l'antagonisme de Lupasco m'amenant à poser l'existence non pas de trois, mais de quatre orientations énergétiques (intensive, homogénéisante, hétérogénéisante, extensive) qui participent à chacun des processus qui se déroulent dans notre vie humaine, implique donc une approche méthodologique de type *tétralectique* de la réalité humaine.

---

[53] Alexander Lowen, *La bio-énergie*, collection « Le corps à vivre », éditions Sand, 1979.

[54] Mais la psychanalyse qu'on peut dire postfreudienne semble de plus en plus intégrer la question du corps dans sa théorie et sa pratique ; on peut notamment se référer au courant de la psychopathologie psychanalytique corporelle.

Donnons quelques exemples de révision possible de certaines théories ou méthodologies en sciences humaines.

Gigand propose une approche méthodologique de type *trialectique*[55], qui est certes intéressante – Gigand connaissant la théorie de Lupasco –, mais qui apparaît d'une part assez difficile à mettre en œuvre, et d'autre part, à certains égards, critiquable. Par exemple, Gigand définit une structure ternaire, trialectique, de base, qui est composée *du rêve, de la technique et des moyens,* qui permet d'appréhender, de façon méthodologique, la plupart des situations humaines ; selon lui le rêve est lié à l'autoréférence, la technique à l'indétermination, et les moyens à l'incomplétude. Mais, cette structure de base oublie alors un quatrième pôle qui est *la dimension du désir*[56], qu'il faut lier à l'altérité, à l'hétéroréférence (la psychanalyse lacanienne ayant montré que le désir c'est toujours le désir de l'Autre – mais il est vrai que Gigand, comme Lupasco, se réfère peu à la psychanalyse, ce qui est dommage dans une perspective qui se veut transdisciplinaire). Dans la révision tétralectique que je propose, on obtient une structure de base quaternaire, selon moi plus maniable, car se focalisant sur les antagonismes énergétiques et non seulement sur les dialectiques conceptuelles[57] : le désir (vouloir-faire-être, de type intensif), la technique (savoir-faire-être, de type homogénéisant), les moyens (pouvoir-faire-être, de type hétérogénéisant), le rêve (penser-faire-être, de type extensif).

Brenner[58] indique que Guattari propose un modèle écosophique qui s'étaye sur « trois écologies » : environnementale, sociale et mentale ; on saisit qu'il y manque une importante écologie, qui est

---

[55] Gérard Gigand, *Se cultiver en complexité : la trialectique : un outil transdisciplinaire*, collection « Savoir communiquer », éditions Chronique sociale, 2010.
[56] Désir, qui représente la pulsionnalité, qu'il faut donc différencier du rêve, moment de perlaboration du désir.
[57] Plus propices, comme on le sait, au phénomène de l'inflation conceptuelle.
[58] Joseph Brenner, « Stéphane Lupasco : vers la fin d'une noble marginalité », dans *Sociétés*, n° 119, 2013, pages 71 à 78.

celle du corps, et même plus précisément du sexuel, et on affirmera donc la pertinence d'un modèle écosophique tétralectique : sexuel intensif, social homogénéisant, environnemental hétérogénéisant, mental extensif.

Nicolescu[59] indique qu'il faut dépasser la métaphysique moderne, qui se fonde sur un modèle binaire *sujet/objet*, en proposant dans une perspective transdisciplinaire un modèle ternaire *sujet/objet/interaction* ; si je suis d'accord avec cela, il manque pourtant un élément essentiel qui s'inscrit dans un modèle tétralectique *sujet/objet/interaction/situation*. Car la situation est en effet déterminante dans l'interaction d'un sujet et d'un objet ; cela est notamment mis en avant dans la théorie de la *cognition ou action située*[60]. Dans cette analyse tétralectique, l'interaction est intensive, l'objet homogénéisant, le sujet hétérogénéisant et la situation extensive.

Donc, quatre plutôt que trois[61] – du fait même qu'il y a quatre orthomatières.

---

[59] Basarab Nicolescu, *Nous, la particule et le monde*, collection « Transdisciplinarité », éditions du Rocher, 2002, 2e édition revue et augmentée.
[60] Frédéric Laville, « La cognition située. Une nouvelle approche de la rationalité limitée », *Revue économique*, volume 51, n° 6, 2000, pp. 1301-1331.
[61] Ce que disait déjà Lacan, avec sa théorie des quatre discours…

Bibliographie

Anne Barrère & Danilo Martuccelli, *Le roman comme laboratoire. De la connaissance littéraire à l'imagination sociologique*, éditions Presses universitaires du Septentrion, 1995.

Jacqueline Barus-Michel, *L'énergie du paradoxe*, collection « L'époque en débat », éditions Desclée de Brouwer, 2013.

Jean Baudrillard, *Simulacres et simulation*, éditions Galilée, 1985.

Joseph Brenner, « Stéphane Lupasco : vers la fin d'une noble marginalité », dans *Sociétés*, n° 119, 2013, pages 71 à 78.

Contardo Calligaris, *Pour une clinique différentielle des psychoses*, collection « Problèmes actuels de la psychanalyse », éditions Érès, 1999.

Cornelius Castoriadis, *L'institution imaginaire de la société*, collection « Points Essais », édition du Seuil, 1999.

Yvon Corain, *L'expérience dans tous ses états. Une approche méthodologique*, collection « Logiques sociales », éditions L'Harmattan, 2016.

Christophe Dejours, *Situations du travail*, éditions PUF, 2016.

Philippe Descola, *Par-delà nature et culture*, collection « Folio essais », éditions Gallimard, 2005.

Georges Devereux, *De l'angoisse à la méthode dans les sciences du comportement*, collection « Champs Essais », éditions Flammarion, 2012.

Joël Dor, *Introduction à la lecture de Lacan*, tome I, *l'inconscient structuré comme un langage*, collection « Espace analytique », éditions Denoël, 1985.

Jean-François Dortier, *L'Homme, cet étrange animal. Aux origines de la pensée, du langage et de la culture*, éditions Sciences humaines, 2004.

Greg Egan, *La cité des permutants*, collection « Science-fiction », éditions Le livre de poche, 1999.

Norbert Elias, *La société des individus*, éditions Pocket, 1998.

Anthony Giddens, *Les conséquences de la modernité*, collection « Théorie sociale contemporaine », éditions L'Harmattan, 1994.

Gérard Gigand, *Se cultiver en complexité : la trialectique : un outil transdisciplinaire*, collection « Savoir communiquer », éditions Chronique sociale, 2010.

Christian Grenier, *La science-fiction, lectures d'avenir ?* collection « Littérature Jeu », éditions PU Nancy, 1994.

Clarisse Herrenschmidt, *Les trois écritures : langue, nombre, code*, éditions Gallimard, 2007.

Remi Hess & Antoine Savoye, *L'analyse institutionnelle*, collection « Que sais-je », éditions PUF, 1993, 2e édition refondue.

Fredric Jameson, *Penser avec la science-fiction*, collection « L'inconnu », éditions Max Milo, 2008.

Marie-Christine Josso, *Expériences de vie et formation*, Collection « Histoire de vie et formation », Éditions L'Harmattan, 2011.

Wolfgang Köhler, *Psychologie de la forme,* collection « Essai », éditions Folio, 2000.

Céline Lafontaine, *L'empire cybernétique : des machines à penser à la pensée machine,* collection « Essai », éditions du Seuil, 2004.

Bruno Latour, *Nous n'avons jamais été modernes. Essai d'anthropologie symétrique*, collection « Poches Science », éditions La Découverte, 2006.

Bruno Latour, « Les mille aventures de la connaissance objective », préface à la traduction française du livre *Objectivité* de Lorraine Daston & Peter Galison par Sophie Renaut et Hélène Quiniou, Presses du réel, Fabula, Dijon, 2012.

Frédéric Laville, « La cognition située. Une nouvelle approche de la rationalité limitée », *Revue économique*, volume 51, n° 6, 2000. pp. 1301-1331.

Francis Lesourd, *L'homme en transition. Éducation et tournants de vie*, collection « Éducation », éditions Economica, 2008.

Alexander Lowen, *La bio-énergie*, collection « Le corps à vivre », éditions Sand, 1979.

Stéphane Lupasco, *Les trois matières*, éditions Julliard, 1960.

Stéphane Lupasco, *L'homme et ses trois éthiques*, collection « L'esprit et la matière », éditions du Rocher, 1986.

Herbert Marcuse, *L'homme unidimensionnel*, éditions de Minuit, 1968.

Edgar Morin, *Le paradigme perdu : la nature humaine*, collection « Essais », éditions du Seuil, 1973.

Serge Moscovici, *Psychologie sociale*, Collection « Quadrige Manuels », Éditions PUF, 3e édition, 2014.

Gérard Pommier, *Comment les neurosciences démontrent la psychanalyse*, collection « Champs essais », éditions Flammarion, 2010.

Basarab Nicolescu, *Nous, la particule et le monde*, collection « Transdisciplinarité », éditions du Rocher, 2002, 2e édition revue et augmentée.

Jean-Luc Renck & Véronique Servais, *L'éthologie : Histoire naturelle du comportement*, collection « Points Sciences », éditions du Seuil.

Magali Uhl, « Le sujet oublié de la sociologie. Approche phénoménologique de l'intersubjectivité dans la production de connaissance en sciences humaines », *Connexions* 2008/1 (n° 89), p. 91-106.

Pierre Vermersch, *L'entretien d'explicitation*, collection « Pédagogies », éditions ESF, 2006 (5e édition).

Lev Vygotski, *Pensée et langage*, éditions La dispute, 2013, 4e édition.

Ludwig Wittgenstein, *Recherches philosophiques*, collection « Tel », éditions Gallimard, 2014.

Table des matières

Introduction 7

Éléments de la théorie de Lupasco 11

Le problème de la matière psychique 19

Proposition de révision 33

Développements 55

A/ Le langage 57
B/ Le social 61
C/ Le numérique 68

Conclusion 77

Bibliographie 83

Structures éditoriales du groupe L'Harmattan

L'Harmattan Italie
Via degli Artisti, 15
10124 Torino
harmattan.italia@gmail.com

L'Harmattan Hongrie
Kossuth l. u. 14-16.
1053 Budapest
harmattan@harmattan.hu

L'Harmattan Sénégal
10 VDN en face Mermoz
BP 45034 Dakar-Fann
senharmattan@gmail.com

L'Harmattan Cameroun
TSINGA/FECAFOOT
BP 11486 Yaoundé
inkoukam@gmail.com

L'Harmattan Burkina Faso
Achille Somé – tengnule@hotmail.fr

L'Harmattan Guinée
Almamya, rue KA 028 OKB Agency
BP 3470 Conakry
harmattanguinee@yahoo.fr

L'Harmattan RDC
185, avenue Nyangwe
Commune de Lingwala – Kinshasa
matangilamusadila@yahoo.fr

L'Harmattan Congo
67, boulevard Denis-Sassou-N'Guesso
BP 2874 Brazzaville
harmattan.congo@yahoo.fr

L'Harmattan Mali
ACI 2000 - Immeuble Mgr Jean Marie Cisse
Bureau 10
BP 145 Bamako-Mali
mali@harmattan.fr

L'Harmattan Togo
Djidjole – Lomé
Maison Amela
face EPP BATOME
ddamela@aol.com

L'Harmattan Côte d'Ivoire
Résidence Karl – Cité des Arts
Abidjan-Cocody
03 BP 1588 Abidjan
espace_harmattan.ci@hotmail.fr

Nos librairies en France

Librairie internationale
16, rue des Écoles
75005 Paris
librairie.internationale@harmattan.fr
01 40 46 79 11
www.librairieharmattan.com

Librairie des savoirs
21, rue des Écoles
75005 Paris
librairie.sh@harmattan.fr
01 46 34 13 71
www.librairieharmattansh.com

Librairie Le Lucernaire
53, rue Notre-Dame-des-Champs
75006 Paris
librairie@lucernaire.fr
01 42 22 67 13

www.ingramcontent.com/pod-product-compliance
Lightning Source LLC
LaVergne TN
LVHW051628071026
849535LV00009BA/3502
* 9 7 8 2 3 4 3 2 2 0 5 0 5 *